普通高等教育“十三五”规划教材

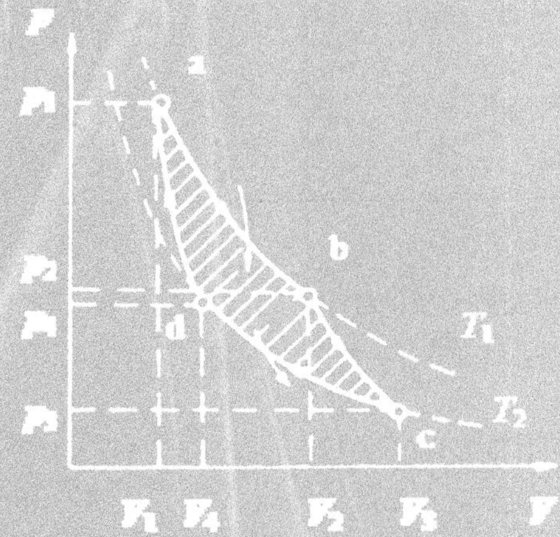

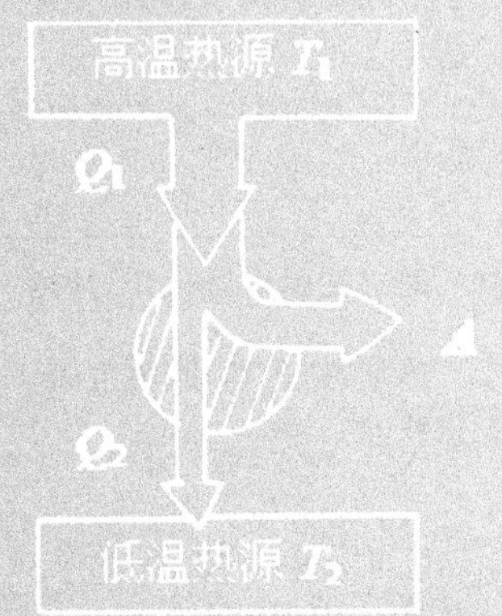

热学

主　编　徐雪春　陈　辉
副主编　蔡影祥　赵书毅

西安交通大学出版社
XI'AN JIAOTONG UNIVERSITY PRESS

内容简介

本书主要内容包括热学导论、分子动理论基础、统计分布律、气体输运过程、热力学第一定律、热力学第二定律和物态及其相变。本书首先从温度相关的热现象出发，在微观上运用分子动理论来解释热现象，并利用统计方法总结宏观量与微观量的关系，得出一些热学中最基本最重要的物理规律。另外重点介绍了热力学的几个宏观定律以及物态的相变，通过一些实例说明热学在实践中的重要运用。

本书可作为高等院校教材或教学参考书。

图书在版编目(CIP)数据

热学/徐雪春，陈辉主编．—西安：西安交通大学出版社，2016.12

ISBN 978-7-5605-9236-7

Ⅰ.①热…　Ⅱ.①徐…　②陈…　Ⅲ.①热学-高等学校-教材　Ⅳ.①O551

中国版本图书馆CIP数据核字(2016)第306995号

书　　名　热　学
主　　编　徐雪春　陈　辉
责任编辑　任振国　李　佳

出版发行　西安交通大学出版社
　　　　　(西安市兴庆南路10号　邮政编码710049)
网　　址　http://www.xjtupress.com
电　　话　(029)82668357　82667874(发行中心)
　　　　　(029)82668315(总编办)
传　　真　(029)82668280
印　　刷　虎彩印艺股份有限公司

开　　本　787mm×1092mm　1/16　印张　8.625　字数　206千字
版次印次　2016年12月第1版　2016年12月第1次印刷
书　　号　ISBN 978-7-5605-9236-7
定　　价　23.00元

读者购书、书店添货、如发现印装质量问题，请与本社发行中心联系、调换。
订购热线：(029)82665248　(029)82665249
投稿热线：(029)82664954
读者信箱：lg_book@163.com

前　言

本书是编者在南昌大学历年使用的热学讲义的基础上，按高等教育物理专业热学教学大纲修改完善而成的。

本书主要内容包括热学导论、分子动理论基础、统计分布律、气体输运过程、热力学第一定律、热力学第二定律和物态及其相变。在讲义的基础上，对教学内容做了部分调整。另外为了便于使读者掌握每章的要点和各章知识之间的联系，在每章开始都对本章内容进行了简单说明，章末附有思考题和练习题。编者对例题、思考题和练习题进行了有针对性的筛选，既考虑了涵盖所有的知识点，又注意了题型的多样性。思考题主要是引导学生深入钻研重要的物理概念和规律；练习题是为了巩固学生对热学规律的理解，学会用所学的书本知识来解决简单的实际问题。

编者将多年授课经验和教学研究成果输入到本书编写过程中，阐明了统计规律的重要性，同时也强调了微观本质的必要性。考虑到热学课是学生在学习机械运动知识之后接触到的第一门讲述非机械运动的课程，本书强调了热运动与机械运动的区别、统计规律性与力学规律性的区别，以使学生认识物质运动形态的多样性和各自所遵从的规律的特殊性。在教学顺序上，采取了先讲述微观理论后讲述宏观理论的做法，使学生由原有的用宏观观点处理问题改变到用微观观点分析问题，对宏观现象能应用物理知识探究其微观本质，并养成这一科学研究事物的习惯。

本书第 1 至第 3 及第 5 章由徐雪春编写，第 4 章由蔡影祥编写，第 6、7 章由陈辉编写，赵书毅负责习题和审稿。全书由徐雪春统稿。

南昌大学理学院物理系的刘笑兰、胡爱荣、魏昇、辛勇、黄国庆、王洪、王慧琴、姜卫群、何弦、于天宝、王震东等老师在本书编写过程中提出了很多宝贵意见。对于以上各位同仁朋友的热情帮助，编者在此表示衷心的感谢。

另外在本书的编写过程中还参考了多年来本单位物理专业本科生使用过的一些兄弟院校教材以及其他相关书籍和文献，在此对相关作者致以衷心的感谢。

由于受编者水平所限，本书难免有疏漏之处，恳请广大读者批评指正。

编　者

2016 年 9 月

目 录

绪　论

在日常生活和生产实践中，常用温度来表示物体的冷热程度。当物体的温度发生变化时，物体的许多性质也将发生变化。例如，物体受热后，温度升高，体积膨胀；水在不同的温度下可处于固态、液态和气态；软的钢件经过淬火（烧热后放入水中或油中迅速冷却），可提高硬度；硬的钢件经过退火（烧热后缓慢降温冷却），可以变软；蒸汽机中，加热的蒸汽膨胀可以对外做功，推动机器运转。这些与温度有关的物理性质及状态的变化，称为热现象。而研究热现象的理论就称为热学。

从微观上看，热现象是组成物体的微观粒子（分子、原子）热运动的结果。宏观物体都是由大量的分子（或原子）组成的，而这些微粒都在永不停息地做无规则运动，运动剧烈程度与物体的温度有关，因此这种运动称为分子热运动。每一个分子都有它的体积、质量、速度和能量，这些描述个别分子的量称为微观量。用实验直接测定这些微观量是相当困难的，一般实验能观察的不是个别分子的微观量，而是大量分子的微观量的某种平均值，它表征大量分子集体的特性。这种表征大量分子集体特性的量称为宏观量，如压强、温度、体积、内能等。就物体内单个分子来看，由于受到其他分子的复杂作用，其运动的状态瞬息万变，显得杂乱无章，具有很大的偶然性。但在整体上，大量分子热运动却遵循确定的规律，这种规律称统计规律。物体的宏观量与分子的微观量之间，存在着必然的联系。

大量实验结果表明，对于分子热运动，虽然个别分子的运动是无规则的，但就大量分子的集体表现来看，却存在着一定的统计规律。统计规律是对大量偶然事件整体起作用的规律，参与的偶然事件的数量越大，则这种规律就越明显。

因此，热学同时从宏观和微观两方面研究热现象。由于出发点和研究方法不同，而形成了两种理论：一种是宏观理论，称为热力学；一种是微观理论，称为统计物理学。热力学是从能量的观点出发，根据由观察和实验所总结出来的热力学定律，用严密的逻辑推理方法，研究宏观物体的热学性质。统计物理学则是从物质的微观结构和分子运动论出发，依据分子运动所遵循的力学规律，用统计的方法研究宏观物体的热学性质。热力学理论具有高度的可靠性，用它可以检验统计物理学理论的正确性；而统计物理学的理论则可以揭示热力学理论的微观本质。因此，这两种理论对热现象的研究是相辅相成的。

气体分子动理论是统计物理学的基本内容之一。它从气体微观结构的简化模型出发，一方面研究气体的平衡态，另一方面研究气体由非平衡态向平衡态的转化过程。本教程不全面讨论统计物理学，只介绍其中的气体分子动理论的基础知识。

热运动与机械运动、电磁场运动等其他基本运动形式之间存在着紧密的相互联系。特别是在日常实际过程中经常发生着各种运动形式之间的转化。例如，蒸气机使用加热的方法产生蒸汽，并利用蒸汽膨胀对外做功，推动活塞进行机械运动，从而实现了由热运动向机械运动的转化。又比如，电灯中的灯丝由于电流通过会被加热到炽热状态而发光，这是一个由电磁运动向热运动，并进一步由热运动向光转化的过程。热运动和其他运动形式之间的相互转化具有非常重要的理论和实际价值，是热学研究内容之一。

热学的理论，曾经直接推动了欧洲 18 世纪工业革命的进行，目前在现代工程技术中也获得了广泛的应用。如热机、致冷机的制造和发展，原子核反应堆的设计以及气象的预测等，都与热学理论有着极其密切的关系。

第 1 章

热学导论

众所周知，自然界甚至整个宇宙处处都有物质，而所有物质在微观上都是由各种各样的微粒组成的。微观粒子处于永不停歇的无规则热运动中，而物质的热学性质就取决于这种无规则热运动。热物理学研究对象就是大量微粒（如分子或原子）组成的物体或者物体系的热运动以及热运动过程中的基本规律。第 1 章导论部分主要介绍热运动相关的一些基本概念和物理量，重点讨论了理想气体的状态方程。

1.1　平衡态和状态参量

1.1.1　平衡态

通常，我们把热学中所研究的物体或物体系（它们都是由大量分子或原子组成的）称为热力学系统（简称系统）；而处于系统以外的物质，称为外界。如果一个系统与外界之间既有能量交换，也有物质交换，这样的系统被称为开放系统。如果一个系统与外界之间只有能量交换，而没有物质交换，这样的系统就被称为封闭系统。而如果一个系统与外界之间既无能量交换，也无物质交换，这样的系统被称为孤立系统。

经验表明，一个孤立系统在足够长时间内，必定会趋向一个最终的宏观状态。因孤立系统不受外界影响，宏观性质不再随时间变化，这时我们就说系统达到了平衡态，否则系统就处于非平衡态。

为了更好地说明平衡态，这里举个例子。有一个封闭的容器，用隔板分成 A 和 B 两室，如图 1.1 所示。起初 A 室充满气体，B 室是真空；当把隔板抽走，A 室内的气体就会向 B 室运动。开始的时候，A、B 内各处气体是不均匀的，但是随着时间变化，整个容器中的气体将到处均匀一致。如果没有外界影响，则容器中的气体将始终保持这一状态，不再发生宏观变化。这时容器内的气体所处的状态，就叫做平衡态。

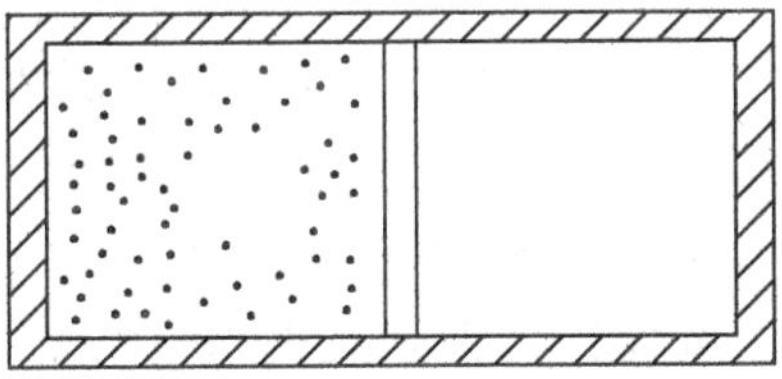

图 1.1　气体的平衡过程

应当指出，平衡态是指系统的宏观性质不随时间变化，而系统在微观上是有运动和变化的。从微观看，平衡态下，组成系统的分子仍在永不停息地作无规则热运动，只不过分子运动的平均效果不随时间变化，而这种平均效果的不变在宏观上表现为系统达到了平衡态。因此热学中的平衡是动态平衡，通常把这种平衡叫做热动平衡。今后若不做特殊说明，系统的状态均指平衡态。

在实际过程中，不受外界影响的孤立系统是不存在的，而系统的宏观性质也难以维持绝对不变，所以平衡态是一个理想化的概念，是在一定条件下对实际情况的概括和抽象。不过在我们将要碰到的许多实际问题中，可以把实际状态近似地当作平衡态来处理，所得到的结论与实际情况比较吻合，而平衡态计算过程要简单很多。

1.1.2 状态参量

系统处于平衡态时，可以用一些确定的物理量来表征系统的宏观属性，我们把这些可以独立改变的，并足以确定系统平衡态的一组宏观物理量称为状态参量。如反映气体温度的温度参量，反映气体体积的几何参量，反映压强的力学参量；描述系统化学成份的化学温度参量，反映电磁现象的电磁参量。一般情况下，需用上述五类参量来描述热力学系统的平衡态。究竟需要用哪几个参量才能单值地确定一个系统的状态?这由系统的复杂程度和所研究问题的要求来确定。

这里主要讨论的是气体。对于一定量处于平衡态的气体(质量为 M，摩尔质量为 μ)，有确定的体积 V，气体内部各处的压强 p 和温度 T 也都相同，有确定的数值。气体的状态可以用这三个宏观的物理量来描述，这三者就称为气体的状态参量。下面对它们的意义和单位作简单介绍。

体积：气体的体积是指气体分子所能到达的空间，通常是指盛装它的容器的容积。它是从几何角度描述气体的宏观状态，属于几何参量。应当注意，气体的体积和气体所有分子本身体积的总和是不同的，后者一般仅占气体体积的几千分之一，这是因为分子之间有较大的间距。在国际单位制中，气体体积的单位是立方米(m^3)。

压强：气体的压强是指气体垂直作用于器壁表面单位面积上的力，它是大量气体分子与器壁碰撞的宏观表现。压强是从力学的角度描述气体的宏观状态，属于力学参量。在国际单位制中，气体压强的单位是帕斯卡(Pa)，即牛顿每平方米($N \cdot m^{-2}$)，有时也用标准大气压(atm) 和厘米汞高(cmHg) 单位等。它们之间的关系是

$$1\ \text{atm} = 76\ \text{cmHg} = 1.01325 \times 10^5\ \text{Pa}$$

温度：温度是反映物体冷热程度的一个物理量，属于热学参量。从统计物理学的观点来看，温度是物体内部分子无规则热运动剧烈程度的量度。温度是热学最重要的状态参量，为此我们将在下一节中作进一步详细讨论。

当有电磁现象出现时，除了上述三类参量外，还需要加上一些电磁参量才能完整描述系统的平衡状态。如果研究电场中电介质的性质，需要考虑电场强度和电极化强度；如果涉及到磁场中的磁介质，还需要磁感应强度和磁场强度来描述。本书中不涉及这类问题。

1.2 温度与温标

1.2.1 温度

人们在日常生活中通常使用温度来表示物体的冷热程度。热的物体温度高，冷的物体温度低，这是我们每个人都知道的常识。不过要使用温度来研究分析各种热学问题，我们还需要更进一步对温度进行准确定义。

温度和热量是热学最重要的两个概念，二者容易混淆。由于温度高的物体要热些，它产生热传递时会有热量流出，因而很容易被误解为温度高的物体有较多的热量，温度低的物体有较少的热量。这也导致了“热质说”的产生。热质说认为热质是一种非常细小、没有质量、可以穿越任何物体的物质，热运动就是热质的运动过程。直到 19 世纪 40 年代，通过焦耳的热功当量实验，这一错误概念才得以澄清，温度与热量这两个概念才得以区分。相关知识后面将详述。

要对温度这一概念做深入理解，应对温度建立严格的科学定义，因而必须引入热平衡的概念与热力学第零定律。另外，从微观角度来看温度是处于热平衡系统的微观粒子热运动剧烈程度的量度。系统温度越高，组成系统的分子或原子热运动时的平均速度就越大。总之，随着对热运动本质理解的逐步深入，人们对温度概念的理解也会越来越深。

1.2.2　热力学第零定律

经验告诉我们，冷热程度不同的物体相互接触时，最后将趋于冷热程度一致的平衡状态，具有相同的温度。由于这种平衡态是两个系统通过传热达到的，因而我们称这种状态为热平衡。

如果两个物体具有相同的状态(温度相等)，则它们接触过程中状态不需要改变就能达到热平衡。而这种情况推广到三个热力学系统也是一样的。举个例子，在真空容器中有 A、B、C 三个物体。首先物体 A 和 B 分开。再将互不接触的 A 和 B 同时与物体 C 热接触，经过一段时间，达到热平衡后分开它们。然后让 A 和 B 相互热接触。实验表明，只要在整个过程中不受外界影响，而且保证 A 和 B 在相互接触前都仍能保持与 C 相接触的同样状态，则 A 和 B 物体相互接触后的状态都不会发生变化。这一实验事实说明：如果两个热力学系统中的每一个都与第三个热力学系统处于热平衡，则它们彼此也必处于热平衡。这一规律被称为热平衡定律。

热平衡定律是英国著名物理学家否勒(*Fowler*)于 1939 年提出的，因为它独立于热力学第一定律、热力学第二定律和热力学第三定律之外，但又不能列在这三个定律之后，故称为热力学第零定律。

热力学第零定律告诉我们，互为热平衡的物体之间必存在一个相同的宏观性质，我们定义这个决定系统热平衡宏观性质的物理量为温度。也可以表述为，温度是决定一个系统是否与其他系统处于热平衡的宏观参量。简而言之，一切互为热平衡的系统都具有相同的温度。

大量实验也证明，在外界条件不变的情况下把已经达到热平衡的系统中的各个部分相互分开，是绝不会改变每个部分本身的热平衡状态的，这说明热接触为热平衡的建立创造了条件。热力学第零定律不仅给出了温度的概念，而且指出了判别温度是否相同的方法。

根据热力学第零定律，可利用某些物质具有的与冷热状态有关，并且易于测量的某一特性(例如汞的体积)制成温度计。将温度计与待测物体接触，待它们达到热平衡后，观测其温度特性的指示(如汞柱高度)，就可测定物体的温度。当然，准确的测量需要得到温度的数值。

1.2.3　温标

温度的数值表示法就叫做温标。一般说来，任何物质的任何属性，只要它随冷热程度发生单调的、显著的改变，都可被用来计量温度。例如，固定压强下气体的体积、固定体积下气体的压强、金属丝的电阻和低温下半导体的电阻等都随温度单调地、较显著地变化。这类温标称为经验温标，常见的水银温度计、水银体温计和热电偶温度计都属于此类。

这里以水银温度计为例，说明建立一种经验温标需要的三个必要步骤：

(1) 选择某种测温工作物质，确定它的测温属性(例如水银的体积随温度变化)。

(2) 选定固定点(比如对于水银温度计，若选用摄氏温标，则把冰的正常熔点定为 0 ℃，水的正常沸点定为 100 ℃)。

(3) 进行分度，即对测温属性随温度的变化关系作出规定(摄氏温标规定 0 ℃ 到 100 ℃ 间等分为 100 小格，每一小格为 1 ℃)。

必须说明，选择不同测量物质或不同测温属性所确定的经验温标并不严格一致。

还有一种理想气体温标，指的是以气体为测温物质，利用理想气体物态方程中体积(或压强)不变时压强(或体积)与温度呈正比关系所确定的温标。理想气体温标是根据气体在极低压强下所遵从的普遍规律来确定的，是利用气体温度计来定标的，气体温度计分为定体气体温度计和定压气体温度计两种。由于理想气体是不存在的，通常选用性质接近于理想气体的低压氮气或低压氢气作为气体温度计的测温物质。

在物理学中，常用的温标有两种，一种是热力学温标 T，单位是开尔文(K)，这是国际单位制中采用的基本温标；另一种是摄氏温标 t，单位是摄氏度(℃)。热力学温度 T(K) 和摄氏温度 t(℃) 之间的关系是

$$T = t + 273.15$$

按照这一规定，一个大气压下，水的冰点是 273.15K(0 ℃)，三相点是 273.16K(0.01 ℃)，汽点是 373.15K(100 ℃)。而 1 开尔文等于 1 摄氏度。

在英美等国家还常使用华氏温标(*Fahrenheit*)，单位是华氏度(℉)。华氏温度 t_F 与摄氏度 t 的换算关系为

$$t_F = 32 + \frac{9}{5}t$$

由此可以确定水的冰点是 32.0℉(0 ℃)，汽点是 212.0℉(100 ℃)。1 华氏度等于 1 摄氏度的 $\frac{5}{9}$。

在理想气体温标能适用的范围内，热力学温标常以精密的气体温度计作为它的标准温度计。但实际测量中由于精度较低、制备及使用条件苛刻、校正复杂以及高温下失效等因素，限制了其使用价值。为了能更好地统一国际间的温度测量，有必要制定一种国际实用温标。国际实用温标是国际间协议性的温标，它利用一系列固定的平衡点温度、一些基准仪器和几个相应的补插公式来保证国际间的温度标准在相当精确的范围内一致，并尽可能地接近热力学温标，使与热力学温标的误差不会超出精密气体温度计的误差范围。目前国际上广泛通用的是 1990 年国际温标(ITS－90)，它选取了从平衡氢三相点(13.8033 K) 到铜凝固点(1357.77 K) 间 16 个固定的平衡点温度。ITS－90 可分别以热力学温度及摄氏温度表示。

1.3 理想气体状态方程

热力学系统处于平衡态时，其状态参量间满足的关系式称为状态方程。为了更好地理解并掌握状态方程，这里首先介绍一下其中最简单的理想气体状态方程。

1.3.1　气体状态的实验规律

1. 玻意耳定律

1662 年英国科学家玻意耳(*Boyle*)对一定质量的气体的性质进行实验研究，得到一个规律：在温度不变的情况下，气体体积与压强的乘积为常数，即

$$pV = C \tag{1.1}$$

式中，C 表示常数，下同。这一规律我们称为玻意耳定律。实际上玻意耳定律只适用于理想气体。

2. 盖·吕萨克定律

盖·吕萨克(*Gay Lussac*)通过实验发现：一定质量的气体在压强不变时，体积将随温度呈线性变化，数学表达式为

$$\frac{V_1}{V_2} = \frac{T_1}{T_2} \tag{1.2}$$

3. 查理定律

查理(*Charles*)所做的大量气体实验结果表明，一定质量气体保持体积不变时，压强随温度呈线性变化，写成公式为

$$\frac{p_1}{p_2} = \frac{T_1}{T_2} \tag{1.3}$$

和玻意耳定律一样，盖·吕萨克定律和查理定律也只适用于理想气体。

1.3.2　理想气体状态方程

一定质量的气体处于平衡态时，它的状态参量体积 V、压强 p 和温度 T 之间有下列关系式，即状态方程为

$$\frac{pV}{T} = C \tag{1.4}$$

式中，常数 C 随气体种类及气体的质量而定。对于式(1.4)，当 T 为常数时得出玻意耳定律；当 p 为常数时，得出盖·吕萨克定律；当 V 为常数时，就变成了查理定律。大量实验结果表明，当温度不太低(与室温比较)且压强不太大(与大气压比较)时，气体遵守上述三条实验定律，也即满足式(1.4)的状态方程。我们把在任何情况下绝对遵守方程式(1.4)的气体称为理想气体。理想气体是气体的一个理想模型。

方程式(1.4)对理想气体的任一平衡态(p、V、T)都成立。式中的常数 C 可以由气体在标准状态下的 p_0、V_0、T_0 值来确定，即

$$C = \frac{p_0 V_0}{T_0}$$

在标准状态下($p_0 = 1\ \text{atm} = 1.013 \times 10^5\ \text{N} \cdot \text{m}^{-2}$，$T_0 = 273.15\ \text{K}$)，1 mol 理想气体所占体积均为 $V_{\text{mol}} = 22.4 \times 10^{-3}\ \text{m}^3 \cdot \text{mol}^{-1}$。所以质量为 M、摩尔质量为 μ 的理想气体摩尔数等于 $\nu = \frac{M}{\mu}$。在标准状态下的体积 $V_0 = \nu V_{\text{mol}} = \frac{M}{\mu} V_{\text{mol}}$，则

$$C = \frac{p_0 V_0}{T_0} = \frac{M p_0}{\mu} \frac{V_{\text{mol}}}{T_0}$$

定义常数 $R=\frac{p_0V_{\mathrm{mol}}}{T_0}$，$R$ 是与气体种类无关的常量，通常称为摩尔气体常数，也被称为普适气体常量。在国际单位制中

$$
\begin{aligned}
R &= \frac{p_0V_{\mathrm{mol}}}{T_0}\\
&= \frac{1.013\times 10^5\times 22.4\times 10^{-3}}{273.15}\\
&= 8.31(\mathrm{J\cdot mol^{-1}\cdot K^{-1}})
\end{aligned}
$$

于是，对于质量为 M，摩尔质量为 μ 的理想气体有

$$pV=\frac{M}{\mu}RT \tag{1.5}$$

上式被称为理想气体状态方程。它给出了理想气体处于平衡态时各状态参量之间的关系。这样可以从宏观上定义理想气体：严格满足理想气体状态方程式(1.5)的气体就是理想气体。利用式(1.5)可以计算一定量理想气体状态发生变化时各参量的变化规律。

对一定质量的理想气体来说，其状态参量 p、V、T 中只有两个是独立的，所以任意给定两个参量的一组数值，就确定了气体所处的一个平衡态。在以 p 为纵轴，V 为横轴的 p-V 图上，图中的任一点都对应着一个平衡态，而图中的任一曲线就对应着一系列的平衡态，代表气体状态变化的过程。关于 p-V 图的应用将在后续章节中详细介绍。

1.3.3 混合理想气体状态方程

气体的热学实验结果表明：在压强接近 0 的时候，各种气体之间的状态差异趋于消失。也就是说，对于任何气体，只要它能满足理想气体条件，不管它是什么化学成分，式(1.5)总能适用。

若一混合气体由气体 A(物质的量为 v_1)、气体 B(物质的量为 v_2)和气体 C(物质的量为 v_3)等 n 种理想气体组成，则混合气体总的压强 p 与混合气体的体积 V、温度 T 间应有如下关系：

$$pV=(\nu_1+\nu_2+\nu_3+\cdots+\nu_n)RT \tag{1.6}$$

$$p=\nu_1\frac{RT}{V}+\nu_2\frac{RT}{V}+\nu_3\frac{RT}{V}+\cdots+\nu_n\frac{RT}{V}=p_1+p_2+p_3+\cdots+p_n \tag{1.7}$$

式(1.6)称为混合理想气体状态方程，揭示了混合理想气体存在时各状态参量需满足的关系。

式(1.7)中的 p_1、p_2、p_3、…、p_n 分别是在容器中把其他气体都排走以后，仅留下第 $i(i=1,2,3,\cdots,n)$ 种气体时的压强，称为第 i 种气体的分压。式(1.7)称为混合理想气体分压定律。这是英国科学家道尔顿(*Dalton*)于 1802 年在实验中发现的，所以式(1.7)也被称为道尔顿分压定律。需要指出，它与理想气体方程一样，只有在压强趋于零时才准确地成立。

例 1.1 容器里装有氧气 0.10 kg，压强为 10 atm，温度为 47 ℃，由于容器漏气，经过一段时间后，压强降为原来的 5/8，温度降到 27 ℃，若把氧气看作理想气体，求：

(1) 容器的容积有多大？

(2) 漏去的氧气有多少？

解(1) 以容器内原有的全部氧气为研究对象，根据理想气体状态方程

$$pV = \frac{M}{\mu}RT$$

容器的容积为

$$V = \frac{MRT}{p\mu} = \frac{0.10 \times 8.31 \times (273 + 47)}{10 \times 1.013 \times 10^5 \times 32 \times 10^{-3}} = 8.20 \times 10^{-3}\ \text{m}^3$$

(2) 容器漏气后，压强降为 $p' = 5p/8$，温度降为 $T' = 273 + 27 = 300$ K，以容器中剩余的氧气(质量为 M')为研究对象，由理想气体状态方程，可得

$$M' = \frac{p'\mu V}{RT} = \frac{5/8 \times 10 \times 1.013 \times 10^5 \times 32 \times 10^{-3} \times 8.20 \times 10^{-3}}{8.31 \times 300} = 0.067\ \text{kg}$$

所以漏去的氧气质量为

$$M - M' = 0.1 - 0.067 = 0.033\ \text{kg}$$

第 1 章思考题

1. 什么是热力学系统的平衡态?气体在平衡态时有何特征?当气体处于平衡态时还有分子热运动吗?

2. 金属杆一端与沸水接触，另一端与冰水接触，可以达到杆内各处温度不随时间变化，能否说杆处于平衡态?为什么?

3. 用医用温度计量人的体温时，为什么要等几分钟才读数?用实验室温度计测温时能否像量体温时那样将温度计取出后再读数?为什么?

4. 用同一种标度法但采用不同测温质的同一种测温参量所制成的不同温度计同时测同一物体的某一温度，其结果是否相同?为什么?采用同种测温质的不同测温参量测温时，情况又如何呢?

5. 什么叫理想气体?理想气体状态方程有哪些形式?适用的条件是什么?

6. 一年四季大气压差别一般不大，为什么冬天空气的密度较大?

7. 试根据理想气体状态方程的物理意义，回答在下列情况下其 $\frac{pV}{T}$ 的值是否相同:

(1) 物质的量相同但种类不同的气体;

(2) 质量一定，处于不同状态时的同种气体;

(3) 质量不同的同种气体;

(4) 质量相同而摩尔质量不同的气体。

8. 体积不同的两瓶压缩氧气同处于室温下，压强计指出二者压强不同，能否由此判断哪瓶氧气多?能否判断哪瓶氧气密度大?如果大瓶氧气压强较大，能否判断哪瓶氧气多?

第 1 章练习题

1. 一端封闭的空心管长 $l = 70$ cm，内贮空气，气柱上面有一段高 $h = 20$ cm 的水银柱，将

气柱封住，水银面与管口齐，今将玻璃管轻轻倒转，有一部分水银被倒出。问此时留在管内的水银柱是多长？(大气压强约为 1.00×10^5 Pa)

2. 长方体绝热容器的正中间有一导热的活塞，销住活塞，把质量和温度都相同的氢气和氧气分别充入容器的两部分，然后将销子提起，问活塞是否会静止不动？为什么？

3. 为了使潜艇浮起，必须让压缩空气进入充满水的柜中把水排出。设排水孔位于水面下 15 m 处，水柜内温度为 30 ℃，压缩空气是由温度是 17 ℃、压强是 118×10^5 Pa、体积是 2.0×10^{-2} m^3 的钢瓶中放出来的，问一瓶压缩空气可以排出多少立方米的水？

4. 容积为 0.01 m^3 的瓶内盛有氢气，假定在气焊过程中温度保持 27 ℃ 不变，问当瓶内压强由 49.1×10^5 Pa 降为 9.81×10^5 Pa 时，共用去多少克氢气？

5. 二氧化碳在管道中流动，其压强为 3.92×10^5 Pa，温度为 7 ℃。如果在 10 min 内流过了 2 kg 的二氧化碳，气体流动的速度是多少？(管的截面积 $S=5\ cm^2$)

6. 现有一气球，体积为 8.7 m^3，充入温度为 15 ℃ 的氢气。当温度升高到 37 ℃ 时，维持其气压 p 及体积 V 不变，气球中多余的氢气跑掉了，而使其质量减少了 0.052 kg，试求氢气在 0 ℃、压强 p 下的密度。

7. 一个打气筒，每打一次可将原来压强为 1.01×10^5 Pa、温度为 -3.0 ℃、体积为 4.0×10^{-3} m^3 的空气压缩到容器内。设容器的容积为 1.5 m^3，问需打几次气，才能使容器内(原为真空)的空气温度为 45 ℃，压强为 2.02×10^5 Pa。

8. 一抽气机转速为 400 r/min，抽气机每分钟能够抽出气体 2.0×10^{-2} m^3，设容器的容积为 2.0×10^{-3} m^3，问经过多长时间后才能使容器的压强由 1.01×10^5 Pa 降为 1.33×10^2 Pa。

9. 压强为 1.01×10^5 Pa、温度为 3 ℃、体积为 8.00×10^{-3} m^3 的氢气与压强为 2.02×10^5 Pa、温度为27 ℃、体积为 2.00×10^{-3} m^3 的空气相混合，混合后的气体的压强为 3.03×10^5 Pa、体积为 1.00×10^{-2} m^3。求混合气体的温度。

第 2 章

分子动理论基础

宏观物体是由大量分子或原子组成的，并且这些微观粒子做着永不停息的无规则运动。每个分子或原子都有它的大小、质量、速度、能量等，这些表征单个分子的物理量称为微观量。用实验直接测定这些量是困难的，也是不必要的。一般在实验室中测得的量，是表征大量分子原子集体特性的量，称为宏观量，如气体的温度、压强等。虽然单个分子的运动是无规则的，但是大量分子的运动却存在着一定的统计规律。分子动理论就是从分子运动的观点出发，采用统计的方法，求出大量分子微观量的统计平均值，确立宏观量和微观量之间的关系以解释和揭示物体的宏观现象的微观本质。分子动理论研究的范围极其广泛，它的理论和研究方法对于机械、化学、生命和生物等学科也具有重要的意义。

2.1 物质的微观结构

本节从物质的微观结构出发，阐明分子运动的一些基本概念。

2.1.1 微观结构

人们认识物质的微观结构过程可谓非常曲折。古希腊的德谟克里特(*Democritus*)最早提出物质是由不可分割的微粒"原子"组成的。伽桑迪(*Gassendi*)进而假设物质内的原子可在空间各方向上不停地运动，从而解释物质的三相状态。1811 年意大利科学家阿伏伽德罗(*Avogadro*)引进分子的概念，并提出了"在同温同压下相同体积的任何气体都含有相同数目的分子"的阿伏伽德罗分子假说。

大量的实验和理论研究表明：自然界中常见的气体、液体、固体等宏观物体都是由大量分子(或原子)组成的。1 摩尔任何物质的分子数均为 $N_A = 6.02 \times 10^{23}\ \mathrm{mol^{-1}}$，$N_A$ 称为阿伏伽德罗常数。比如 1 $\mathrm{cm^3}$ 的水中含有 3.3×10^{22} 个分子，由此可知即使是一小滴水，里面所包含水分子的数目也是极其可观的。

同时实验还表明，组成物体的微粒之间存在一定的间隙。比如气体极易被压缩，这说明气体分子间存在间隙；同体积的水和酒精混合后总体积减小，说明液体分子间存在间隙；钢表面可以渗入碳，半导体可以掺入杂质等，说明固体分子间也有间隙。目前用高分辨率的电子显微镜已能观察到某些晶体横截面内原子结构的图像，直接证明了宏观物体由分子(或原子)组成，并且分子(或原子)之间存在间隙。

2.1.2 分子热运动

在日常生活中经常发生扩散现象。比如在房间里打开一瓶香水的瓶盖，香味便会传到整个房间，这是气体的扩散现象。在一杯清水中滴进几滴红墨水，很快它就会均匀地分布于整杯水中，这是液体的扩散现象。将两种不同的金属如铜块和金块挤压接触，经过较长时间，在接触表面上会有微量的金属渗入对方，这是固体间的扩散。物质的扩散不是依靠外力（例如重力），而是微观上物质分子运动的结果。

1827 年英国植物学家布朗（*Brown*）在显微镜下观察悬浮于水中的花粉时，发现这些花粉不停地作无规则运动；颗粒越小，温度越高，花粉运动越剧烈。液体中花粉小微粒的这种杂乱无章的运动，称为布朗运动，如图 2.1 实线所示。布朗运动是由花粉小微粒在液体中受到液体分子碰撞的不平衡力而引起的运动。这种杂乱无章的运动间接证明了液体分子在做永不停息的无规则运动，这种运动与温度有关，所以我们把分子这种无规则运动称为分子的。

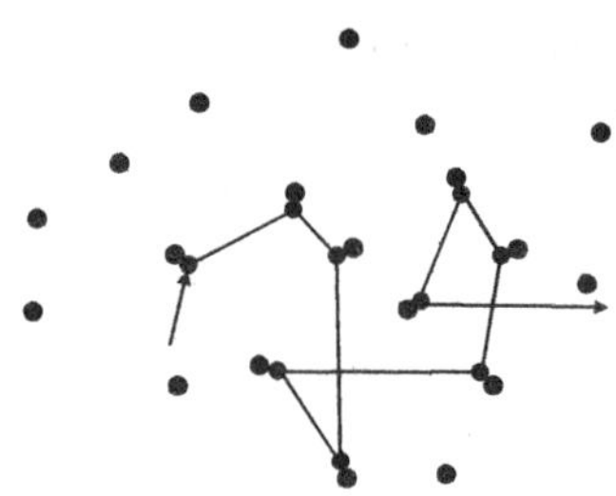

图 2.1 布朗运动示意图

实际上，不管物质处于固液气哪种状态，其分子都在做着热运动。当物质分子只能围绕各自的平衡位置作微小振动时，表现为固态；当分子的运动加剧，以至没有固定的平衡位置，但尚不至于相互离散时，表现为有流动性的液态；当分子的运动相当剧烈，以至于相互离散、不能维持彼此之间一定的距离时，便表现为气态。

这里以气体为例来简单分析分子热运动。根据理论计算，分子热运动的平均速率是非常大的（在室温下，每秒约几百米）。由此看来，似乎气体从一个地方迁移到另一个地方应当是很快的，但实际情况并非如此。比如在房间里打开一瓶香水，香味要经过几秒到几十秒的时间才能传过几米的距离充满房间。这说明气体分子在前进过程中要与其他分子发生多次碰撞，所走的路程必定非常曲折。气体分子间的碰撞是极其频繁的，每一个分子每秒内要和其他分子碰撞约 10^{10} 次。分子间的碰撞频繁是气体分子热运动的基本特征。对任一个分子来说，它的运动忽而左，忽而右，忽而前，忽而后，有时速度快，有时速度慢，连续两次碰撞之间分子的自由运动路程也有时长有时短，分子运动的轨迹是不规则的曲线。所以，对某个确定的分子来说，速度、能量、自由运动的路程等都是偶然的，只是其运动仍遵循力学规律。而对大量分子组成的气体来说，在平衡态下，分子在空间的分布、速率分布和能量分布等都各自遵循一定的统计规律。因此气体从宏观上表现为有确定的压强、温度、体积等。

2.1.3 分子间作用力

既然物质是由彼此不连续的大量分子组成的，分子又不停地做着无规则运动，而热运动要使分子尽量散开，但固体和液体却能保持一定的体积，这说明分子间还存在相互吸引力。另外比如拉断一根钢丝要用很大的力，这也说明物体分子间存在着相互吸引力。而液体和固体是很难压缩的，又说明分子之间还存在排斥力。实际上，分子间引力和斥力同时存在，分子之间的相互作用力(称为分子力),是两者共同作用的合力。而物质呈现气、液、固三种物态以及它们之间的相互转变等现象都和分子力有关。

根据实验和近代理论分析,物体分子间作用力 F 与分子中心间距离 r 的关系可用下式表示

$$F=\frac{C_1}{r^p}-\frac{C_2}{r^q} \tag{2.1}$$

式中,C_1、C_2、p、$q(p>q)$ 都是正数,它们的数值由实验确定。(2.1) 式中第一项是正值,表示斥力;第二项是负值,表示引力。由于 p、q 数值都较大,分子引力与斥力都随着分子间距的增加而减小,两者都是短程力;且 $p>q$,说明斥力变化更快。

分子间作用力 F 与分子间距离 r 的关系如图 2.2(a) 所示。从图中可以看出,当 $r=r_0$ 时,斥力与引力恰好平衡,$F=0$,这个位置称为平衡位置;r_0 的数量级约为 10^{-10} m。当 $r<r_0$ 时,F-r 曲线很陡,表明物质在受到压缩的过程中,当分子间距离在小于 10^{-10} m 范围内进一步减少时,分子力迅速增大。当 $r>r_0$ 时,分子间表现为引力作用。由图 2.2(a) 可知,当 r 约为 $10^{-10}\sim10^{-8}$ m 范围内时,随着分子间距离增大,分子力先增大后减小。当分子间距大于 10^{-8} m 时,分子力实际上可以完全忽略。气体分子表现出极好的流动性和可压缩性就是因为其分子间距离较大,分子的运动近似为自由运动。

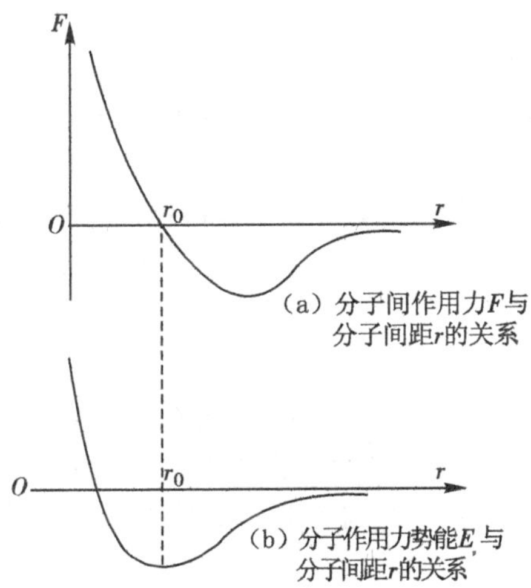

图 2.2　分子作用力,势能与分子间距 r 的关系

需要说明一下,分子力是一种电磁相互作用力。这种电磁相互作用力并非仅是简单的库仑力,分子力是由一个分子中所有的电子和核与另一个分子中所有的电子和核之间相互作用的总和。因此分子力是一种保守力,它具有势能。这种势能我们称为分子作用力势能。分子力对应的分子作用力势能 E_p 与分子间距离 r 的关系曲线如图 2.2(b) 所示。当 $r=r_0$ 时势能最低,分子处于稳定状态。当分子的位置偏离 r_0 时,都需克服分子力做功,分子势能增加,这时分子处于不稳定状态,有回到平衡位置的趋势。这可以很好解释一定状态下各种物质具有稳定可供测量的体积。

分子间的相互作用使组成物质的微观粒子聚集在一起,并趋于在空间有序排列,而分子热

运动却有破坏有序排列的作用。正是这两种对立的作用同时存在，造就了这个千姿百态、气象万千的现实世界。

2.2 理想气体的分子动理论

在认识了物质微观结构和分子间的相互作用的基础上，我们来分析一下热学中最简单的物质——理想气体宏观性质与微观分子热运动的关系，得出一些理想气体热学基本规律。

2.2.1 理想气体微观模型

如大家熟知的，气体很容易被压缩，标准状态下的气体凝结成液体时，体积将缩小上千倍，而液体可压缩性很小，可以认为分子是紧密排列的。由此可估算到分子本身的线度约为 10^{-10} m，气体分子间距约为 10^{-9} m。所以可把气体看作是彼此有很大间距的分子集合。

由于气体分子间距很大，而分子力的作用范围又很小，因此气体分子间相互作用力，除分子与分子、分子与器壁相互碰撞的瞬间外，都是极其微小的。又由于重力的作用一般可以忽略，所以气体分子在连续两次碰撞之间，可以看作是在惯性支配下的自由运动。

在大量实验的基础上，对实际情况作了一些简化，提出了理想气体的微观模型，对它的分子作出如下假设：

(1) 同种气体分子的大小和质量完全相同。

(2) 分子本身的大小与它们之间的平均距离相比，可以忽略不计，分子可以近似看做质点，并遵从牛顿力学规律。

(3) 气体分子之间的相互碰撞和气体分子与容器壁的碰撞都是完全弹性的。

(4) 分子间的相互作用力是短程力，除了气体分子相互碰撞和气体分子与容器壁碰撞的瞬间之外，气体分子之间以及气体分子与容器壁之间的作用力可以忽略不计；分子在两次碰撞之间做自由的匀速直线运动。

(5) 在容器内气体分子的运动是完全紊乱的，气体各部分的密度均相同，且任一时刻沿任一方向运动的分子数相等；分子速度在各个方向上的分量的各种平均值相等。

(6) 气体分子在容器内的动能，平均说来远比它们在重力场中的势能大，所以分子所受的重力可以忽略不计。

以上六个假设中，后面两个是平衡态下分子运动的统计性假设，只适用于大量分子的集体运动。单分子的运动是无规则的，详细知道各个分子的运动情况是不可能的，也是不必要的。理论上认为，所有的热力学变量都能以分子运动相关物理量的平均值来表示。我们只需要运用统计方法，结合力学定律，研究气体的宏观行为，解释并揭示气体宏观现象和规律的本质。

还需要特别指出，虽然理想气体是一种理想模型，但是大量实验结果表明，在常温下，压强在数个大气压以下的一些常见气体(如 O_2、N_2、H_2、He，但是 CO_2、NH_3 除外)，一般都能很好地满足理想气体方程，说明这些气体在微观上基本满足以上假设。这就为理想气体热学规律的广泛应用创造了很好条件，使得热学理论与实践紧密联系起来。

2.2.2 理想气体状态方程的另一种形式

考虑到理想气体的微观结构，理想气体状态方程还可以表示成另一种形式。设质量为 M 的理想气体,其总分子数为 N,每个分子的质量为 m,则 $M = Nm$。又因每摩尔气体的分子数为 $N_A = 6.022 \times 10^{23}\ \text{mol}^{-1}$,所以气体的摩尔质量 $\mu = N_A m$。这样理想气体状态方程式(1.5) 可写成

$$pV = \frac{N}{N_A}RT$$

或

$$p = \frac{N}{V}\frac{R}{N_A}T$$

这里定义一个常数 k,称为玻耳兹曼常数:

$$k = \frac{R}{N_A} = \frac{8.31}{6.022 \times 10^{23}} = 1.38 \times 10^{-23}\ \text{J} \cdot \text{K}^{-1}$$

又因单位体积的分子数可由分子数密度 n 来表示,也即 $N = nV$,于是理想气体状态方程可以表示成:

$$p = nkT \tag{2.2}$$

式(2.2) 是理想气体状态方程的另一种形式。它表示了温度、压强相同的气体,单位体积内分子数相同,即体积相同分子数也相同,与气体种类无关,这也即阿伏伽德罗定律。

例 2.1　试计算标准状态下,任何气体在 1 m^3 体积中含有的分子数。

解　标准状态下,$p = 1.013 \times 10^5\ \text{Pa}$,$T = 273\ \text{K}$,根据式(2.2) 可得

$$n = \frac{p}{kT} = \frac{1.013 \times 10^5}{1.38 \times 10^{-23} \times 273} = 2.69 \times 10^{25}\ \text{m}^{-3}$$

这一常量也被称为洛施密特常量。

2.2.3　理想气体的压强公式

从统计理论的观点来看,任何宏观可测定量均是所对应的某微观量的统计平均值。气体对器壁所作用的压强,是单位时间内大多数分子频繁碰撞器壁所给予单位面积器壁的平均总冲量。虽然气体分子对器壁的碰撞是不连续且大小随机变化的,但是大量气体分子在总体上却表现出确定的规律,即对器壁有持续的、恒定的压力。这和雨点打在雨伞上的情形相似。一个个雨点打在雨伞上是断断续续的,但大量密集的雨点打在伞上就使我们感受到一个持续向下的压力。下面从理想气体的微观模型和统计假设出发,推导理想气体的压强公式。

设有一个均匀充满了某种理想气体的正方形容器,并设容器体积为 V,气体分子数密度为 n,每个分子的质量均为 m,忽略重力。显然气体分子总数目为 $N = nV$,气体总质量为 $M = nm$。首先在一个容器壁上取一个面积微元 $\text{d}S$,如图 2.3 阴影平行四边形所示。现在来计算该面积微元 $\text{d}S$ 上的压强,计算中忽略重力。

计算过程需要用到由理想气体微观模型得出的两个统计假设:① 每一气体分子均以平均速率 $\bar{v}$ 运动(统计实验表明,平衡态气体中各分子的速率有大有小,从接近于零一直到极大,但大量气体分子作为一个整体,它们应该存在一个平均速率值,故可假定分子以 $\bar{v}$ 运动);② 气体分子数密度为 n 时,单位体积中垂直指向正方形容器某一器壁运动的平均分子数为 $\frac{n}{6}$(正方形的 6 个面受碰撞的概率是一样的)。

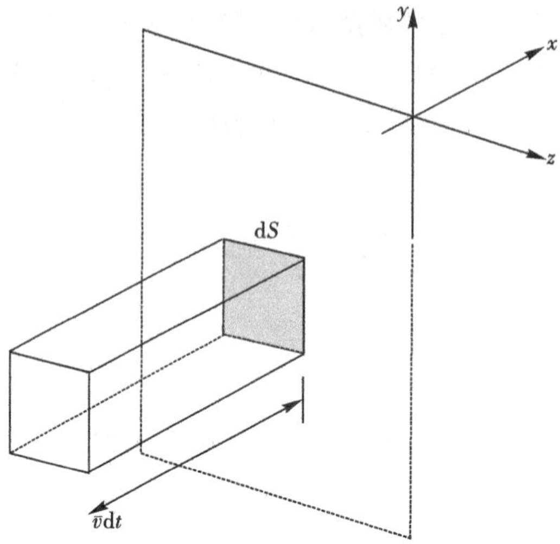

图 2.3 理想气体压强公式的推导

考虑气体分子作用在器壁上一段时间 $\mathrm{d}t$，而在这段时间内只有面积 $\mathrm{d}S$ 前长度为 $\bar{v}t$ 的长方体内向 x 轴正方向运动的分子才可能碰到器壁 $\mathrm{d}S$，则 $\mathrm{d}t$ 时间内与面积 $\mathrm{d}S$ 发生垂直碰撞的分子数为

$$\mathrm{d}N=\frac{1}{6}n\bar{v}\,\mathrm{d}t\mathrm{d}S$$

其中某一分子以速度 $\bar{v}$ 与容器壁相碰后，以速度 $-\bar{v}$ 弹回(因为是完全弹性碰撞)。因此，该分子动量的改变为 $-2m\bar{v}$。利用系统动量定理，可知 $\mathrm{d}t$ 时间内器壁对气体分子作用力 $\bar{F}$ 产生的动量就等于这段时间内气体分子动量总的变化量，即

$$\bar{F}\mathrm{d}t=-2m\bar{v}\cdot\mathrm{d}N=-2m\bar{v}\cdot\frac{1}{6}n\bar{v}\,\mathrm{d}t\mathrm{d}S$$

再利用牛顿第三运动定律和压强的定义，可得 $\mathrm{d}t$ 时间内气体分子对器壁 $\mathrm{d}S$ 处的平均作用压强为

$$p=\frac{-\bar{F}}{\mathrm{d}S}=\frac{1}{3}nm\,\overline{v^2} \tag{2.3}$$

在该推导过程中我们还利用了平均速率近似等于方均根速率的条件(精度要求不高的情况下可以这样考虑)。

另外定义分子平均平动动能 $\bar{\varepsilon}=\frac{1}{2}m\,\overline{v^2}$，则 式(2.3) 可表达成

$$p=\frac{2}{3}n\bar{\varepsilon} \tag{2.4}$$

式(2.3) 或式(2.4) 就是理想气体的压强公式，它是统计理论的基本方程之一。式(2.4) 给出了宏观量压强与微观量气体分子平动动能的统计平均值(分子平均平动动能 $\bar{\varepsilon}$) 之间的关系。它表明理想气体的压强由分子数密度及分子平均平动动能所决定。当分子的平均平动动能一定时，单位体积内分子数越多，压强越大；当分子数密度一定时，分子平均平动动能越大，压强也越大。

压强公式(2.4) 的推导过程中，我们不仅应用了力学原理，而且还应用了统计平均的概念

和求统计平均值的方法。因此,压强公式是表征三个统计平均量 p、n 和 $\bar{\varepsilon}$ 之间关系的一个统计规律,与力学规律是有差别的。

公式中的压强 p 是一个宏观量,可以直接由实验测定,而分子的平均平动动能 $\bar{\varepsilon}$ 是不能直接测定的,所以压强公式(2.4) 无法用实验直接验证。不过从这个公式出发,能很好地解释或推证许多实验规律。

压强公式(2.4) 可以用更严格的理论分析导出,需要用到理想气体能量统计分布律,在此从略。

例 2.2　试推导道尔顿分压定律。

解　设有 N 种气体混合贮于一密闭容器中,由于其温度相同,则它们的分子平均平动动能都相等,即

$$\bar{\varepsilon}_1 = \bar{\varepsilon}_2 = \cdots = \bar{\varepsilon}_N = \bar{\varepsilon}$$

若各种气体的分子数密度分别为 $n_1, n_2, \cdots, n_N$,则混合气体的分子数密度 $n = n_1 + n_2 + \cdots + n_N$ 代入式(2.4),即得混合气体的压强为

$$\begin{aligned} p &= \frac{2}{3}n\bar{\varepsilon} = \frac{2}{3}(n_1 + n_2 + \cdots + n_N)\bar{\varepsilon} = \frac{2}{3}n_1\bar{\varepsilon} + \frac{2}{3}n_2\bar{\varepsilon} + \cdots + \frac{2}{3}n_N\bar{\varepsilon} \\ &= p_1 + p_2 + \cdots + p_N \end{aligned}$$

以上推导表明,混合气体的压强等于各种气体的分压强之和,这就是道尔顿分压定律。

2.2.4　理想气体的温度公式

为了探明温度的微观本质,由理想气体状态方程式(2.2) 和理想气体压强公式式(2.4),可得

$$\bar{\varepsilon} = \frac{1}{2}m\overline{v^2} = \frac{3}{2}kT \tag{2.5}$$

式(2.5) 称为理想气体温度公式。此式表示了温度这一宏观量和分子平均平动动能这一微观量统计平均值之间的关系。由此可知,只要气体的温度相同,不论是什么气体,其分子的平均平动动能都相等。温度公式表明分子热运动平均平动动能与绝对温度成正比。绝对温度越高,分子热运动平均平动动能越大,分子热运动越剧烈。温度是分子平均平动动能的量度,也是分子热运动剧烈程度的量度,这是温度的微观意义所在。

另外需要辨明三点:

(1)$\bar{\varepsilon}$ 是分子杂乱无章热运动的平均平动动能,它不包括整体定向运动动能,只有做高速定向运动的粒子流经过频繁碰撞改变运动方向而成无规则的热运动,定向运动动能转化为热运动动能后,所转化的能量才能计入与绝对温度有关的能量中。

(2) 从式(2.5) 可看到,粒子的平均热运动动能与粒子质量无关,而仅与温度有关。3.1 节中将从这一性质出发引出热物理学中又一重要规律 —— 能量均分定理。

(3) 温度公式是一个统计规律。温度是大量气体分子热运动的集体表现,是对大量分子无规则热运动的统计平均结果。说单个分子的温度是没有意义的。

根据式(2.5) 可得

$$\sqrt{\overline{v^2}} = \sqrt{\frac{3kT}{m}} = \sqrt{\frac{3RT}{\mu}} \tag{2.6}$$

式中 $\sqrt{\overline{v^2}}$ 称为气体分子的方均根速率，是大量分子无规则热运动速率的一种统计平均值。由上式可知，$\sqrt{\overline{v^2}}$ 与气体的绝对温度的平方根成正比，与气体的摩尔质量的平方根成反比。对同一气体，温度越高，方均根速率越大。因为温度相同的理想气体都具有相同的平均平动动能，因而分子的质量 m 较大，则 $\sqrt{\overline{v^2}}$ 必较小。式(2.6) 也体现了温度的微观本质。

例 2.3 一容器内均匀充满某一理想气体，压强为 1.33 Pa，温度为 300 K，问该容器中单位体积内有多少气体分子？这些分子总的平动动能是多少？

解 由式(2.2)$p = nkT$，可知分子数密度

$$n = \frac{p}{kT} = \frac{1.33}{1.38 \times 10^{-23} \times 300} = 3.21 \times 10^{20}\ \mathrm{m^{-3}}$$

即容器中单位体积内有 3.21×10^{20} 个气体分子。

因为分子的平均平动动能 $\bar{\varepsilon} = \frac{1}{2}m\overline{v^2} = \frac{3}{2}kT$，所以单位体积内气体分子的总平动动能

$$E = \bar{\varepsilon} \cdot n = \frac{3}{2}kT \times n = \frac{3}{2}kT \times \frac{p}{kT} = \frac{3}{2}p$$

代入 $p = 1.33$ Pa，

$$E = \frac{3}{2} \times 1.33 = 2\ \mathrm{J/m^3}$$

例 2.4 有一均匀充满氧气的容器，其压强为 1.0 atm，温度为 300 K，求

(1) 单位体积内的分子数；

(2) 氧气的密度；

(3) 氧分子的质量；

(4) 分子间的平均距离；

(5) 分子的平均平动动能。

解 (1) 由 $p = nkT$ 可知单位体积内的分子数

$$n = \frac{p}{kT} = \frac{1.0 \times 1.013 \times 10^5}{1.38 \times 10^{-23} \times 300} = 2.45 \times 10^{25}\ \mathrm{m^{-3}}$$

(2) 氧气的密度

$$\rho = \frac{M}{V} = \frac{p\mu}{RT} = \frac{1.0 \times 1.013 \times 10^5 \times 32}{8.31 \times 300} = 1.3 \times 10^3\ \mathrm{g \cdot m^{-3}}$$

(3) 氧分子的质量

$$m = \frac{\rho}{n} = \frac{1.3 \times 10^3}{2.45 \times 10^{25}} \cong 5.3 \times 10^{-23}\,\mathrm{g}$$

(4) 设分子间的平均距离为 d，并将分子看成是半径为 $d/2$ 的球，每个分子的体积为 V_0，则

$$V_0 = \frac{4}{3}\pi\left(\frac{d}{2}\right)^3 = \frac{\pi}{6}d^3$$

$$d = \sqrt[3]{\frac{6}{n\pi}} = \sqrt{\frac{6}{\pi \times 2.44 \times 10^{19}}} = 4.28 \times 10^{-7}\ \mathrm{cm}$$

(5) 分子的平均平动动能

$$\bar{\varepsilon} = \frac{3}{2}kT = \frac{3}{2} \times 1.38 \times 10^{-23} \times 300 = 6.21 \times 10^{-21}\,\mathrm{J}$$

例 2.5　计算氧气分子和氢气分子在 0 ℃ 时的方均根速率。

解　已知氧气和氢气的摩尔质量分别为

$\mu_{O_2} = 32.0 \times 10^{-3}\ \mathrm{kg/mol}$，$\mu_{H_2} = 2.0 \times 10^{-3}\ \mathrm{kg/mol}$，$T = 273\ \mathrm{K}$，

代入 式(2.6) 可计算出氧气和氢气的方均根速率分别为

$$\sqrt{\overline{v_{O_2}^2}} = \sqrt{\frac{3RT}{\mu_{O_2}}} = \sqrt{\frac{3 \times 8.31 \times 273}{32.0 \times 10^{-3}}} = 461\ \mathrm{m/s}$$

$$\sqrt{\overline{v_{H_2}^2}} = \sqrt{\frac{3RT}{\mu_{H_2}}} = \sqrt{\frac{3 \times 8.31 \times 273}{2.0 \times 10^{-3}}} = 1845\ \mathrm{m/s}$$

计算结果表明，在 0 ℃ 时，氢气和氧气分子的方均根速率比同温度下空气中声音传播速度(331 m/s) 还要大。

2.3　真实气体的范德瓦耳斯方程

理想气体是真实气体的理想化的模型。在常温常压下，它能较好地反映真实气体的性质。但在高压低温情况下，理想气体状态方程给出的结果与实际情况有很大的偏离。这表明，在这种情况下，理想气体分子模型不再适用了，应该对它进行修正。修正的方案很多，其中物理意义最明显、最简单直接的就是是范德瓦耳斯的修正。他把气体分子看作有相互吸引力的刚球，将理想气体的压强加以修正，从而导出了范德瓦耳斯方程。该方程分析所得结果与真实气体的性质符合得较好，下面对此作简要的介绍。

2.3.1　分子体积所引起的修正

根据理想气体模型，1 mol 理想气体状态方程 $pV = RT$ 中的体积 V，应该理解为每个分子可以自由活动的空间体积。当考虑到分子本身的体积时，每个分子自由活动的空间应减少。为了反映该减少量需引入气体分子所占体积的修正量 b。因此，每摩尔理想气体压强

$$p = \frac{RT}{V}$$

应修正为

$$p = \frac{RT}{V - b} \tag{2.7}$$

修正量 b 的数值可用实验测定，对一给定的气体，b 有一确定的值。理论上估算出的 b 值，约等于每摩尔气体分子体积总和(指的是不含间隙的体积) 的 4 倍。

2.3.2　分子间引力所引起的修正

在容器中的气体内部，认定某一分子 β，如图 2.4 所示，以 β 为中心，选取分子间相互吸引力等于零的距离 r 为半径，作一个球，对 β 有作用引力的其他分子，都分布在这个球内。由于这球内的其他分子对 β 是对称分布的，因此它们对 β 分子作用的引力相互抵消。其结果使 β 好象不受引力的作用一样。而靠近器壁的分子 α，如图 2.4 所示，则与 β 不同了。由于对 α 有引力作用的球内其他气体分子分布不对称，平均来说，α 受到一个指向气体内部

的合力，因而削弱了分子碰撞器壁时的动量，减小了它对器壁碰撞的冲力，于是器壁受到的压强要比 式(2.7) 算出的压强小，其差值 Δp 称为气体的内压强。这样考虑气体分子的引力后，式(2.7) 修正为

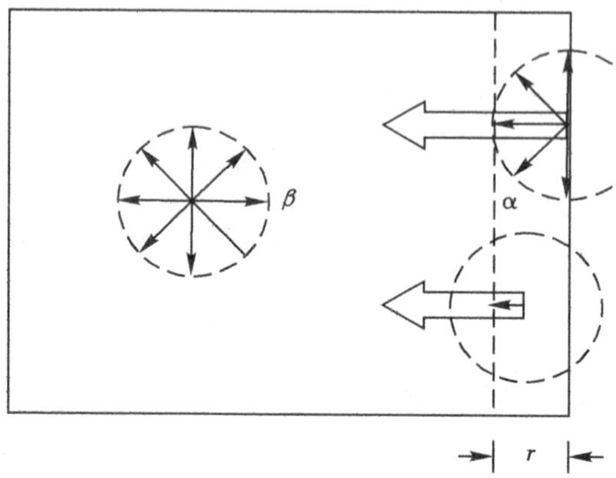

图 2.4 范德瓦耳斯气体模型

$$p=\frac{RT}{V-b}-\Delta p \tag{2.8}$$

内压强的大小可以这样估算，因为内压强 Δp 是内壁碰撞表面层单位面积上的气体分子所受的内部分子的引力。这力一方面与被吸引的表面层内的分子数密度 n 成正比，另一方面也应与施加吸引力的气体内部的分子数密度成正比，所以 Δp 是与 n^2 成正比，而 n 与体积 V 成反比，所以有

$$\Delta p=\frac{a}{V^2} \tag{2.9}$$

式中比例系数 a 的数值由气体的性质决定，一般由实验确定。将式(2.9) 代入式(2.8) 便得

$$\left(p+\frac{a}{V^2}\right)(V-b)=RT \tag{2.10}$$

上式便是在范德瓦耳斯模型下每摩尔真实气体的状态方程，称为范德瓦耳斯方程。如果气体的质量为 M，摩尔质量为 μ，则它的体积

$$V_{\mathrm{m}}=\frac{M}{\mu}V$$

状态方程式为

$$\left(p+\frac{M^2}{\mu^2}\frac{a}{V_{\mathrm{m}}^2}\right)\left(V_{\mathrm{m}}-\frac{M}{\mu}b\right)=\frac{M}{\mu}RT$$

如将 V_{m} 的下标略去，则为

$$\left(p+\frac{M^2}{\mu^2}\frac{a}{V^2}\right)\left(V-\frac{M}{\mu}b\right)=\frac{M}{\mu}RT \tag{2.11}$$

上式为范德瓦耳斯方程的一般形式。在高压低温情况下，范德瓦耳斯方程比理想气体状态方程能更好地反映真实气体的情况。表 2.1 给出了一些常见真实气体用范德瓦耳斯方程描述时所用的修正值。

表 2.1　范德瓦耳斯气体的修正值

气体名称	a /Pa·m^6·mol^{-2}	b/×10^{-5} m^3·mol^{-1}
He	3.445×10^{-3}	2.370
H_2	2.476×10^{-2}	2.661
O_2	1.378×10^{-1}	3.183
NH_3	4.224×10^{-1}	3.707

第 2 章思考题

1. 气体为什么能够被压缩，但又不能无限压缩？

2. 1 cm^3 水中有多少水分子？水分子的质量为多少？

3. 空气中 N_2 分子和 H_2 分子的平均速率之比是多少？如果氢分子的平均速率较大，这是否意味着空气中所有氢分子都比氮分子运动快？

4. 理想气体平衡态的统计假设是什么？

5. 甲、乙二人对大气压强产生的原因问题发生了争论。甲说："大气压强是由重力引起的"；乙说"是由气体分子无规则运动引起的"。你对此如何评论？

6. 能否说速度快的分子温度高，速度慢的分子温度低？为什么？

7. 理想气体压强公式和温度公式的统计意义是什么？

8. 一定质量的气体，当保持 p 或 V 不变时，分别有 $V/T=$ 常量或 $p/T=$ 常量的关系。试由分子动理论对这两个规律进行微观解释。

9. 关于温度的意义，下列那些说法是正确的：

(1) 气体的温度是分子平均平动动能的量度；

(2) 气体的温度是大量气体分子热运动的集体表现，具有统计意义；

(3) 温度的高低反映物体内部分子运动剧烈程度不同；

(4) 从微观上看，气体的温度表示每个气体分子的冷热程度。

10. 在一定的温度和体积下，由理想气体状态方程和范德瓦耳斯方程算出的压强哪个大？为什么？

第 2 章练习题

1. 若室内生起炉子后温度从 15 ℃ 升高到 27 ℃，而室内气压不变，则此时室内的分子数减少了多少？

2. 已知当前真空技术可获得的极限真空度为 10^{-13} mmHg 的数量级，问在此真空度下 1 cm^3 内有多少个空气分子。(设空气的温度为 27 ℃)

3. 质量为 10 g 的氮气，当压强为 1.01×10^5 Pa，体积为 7.7×10^3 cm^3 时，其分子平均平动动能是多少？

4. 在 $p=5\times10^2$ Pa 的压强下，气体占据 $V=4\times10^{-3}$ m^3 的容积，试求分子平动的

总动能。

5. 气体密度为6×10^{-2} kg·m^{-3}，分子的方均根速率为500 m·s^{-1}。求气体对器壁的压强。

6. 质量为50.0 g，温度为18.0 ℃ 的氦气装在容积为10.0 l的封闭容器内，容器以$V=200$ m/s的速率做匀速直线运动，若容器突然停止，定向运动的动能全部转化为分子热运动的动能，则平衡后氦气的温度和压强将各增大多少？

7. 容积为V_1的烧瓶中有N个氮分子及质量为M的氩气，另一容积为V_2的烧瓶中有压强为p_2的氧气，将二烧瓶接通后，问混合气体的压强为多少？设保持温度始终为T。

8. 试估算空气分子每秒与1.0 cm^2 墙壁相碰的次数。设空气温度为300 K，空气平均分子量为29，并忽略平均速率和方均根速率的差别。

9. 已知氧气的范德瓦耳斯方程中的常数$b=0.03183$ l·mol^{-1}，设b等于一摩尔氧分子体积总和的4倍，试计算氧分子的直径。

第 3 章

统计分布律

本章将在理想气体微观模型的基础上，讨论能量均分定理相关物理概念和规律，重点用概论统计的方法来描述气体分子的速度分布(麦克斯韦分布和玻耳兹曼分布)，最后还简要介绍了两种量子统计分布(费米 — 狄拉克分布与玻色 — 爱因斯坦分布)。

3.1　能量按自由度均分原理

在讨论理想气体的压强公式和温度公式时，只考虑了分子的平动，所以可视分子为质点。在进一步讨论分子热运动能量的统计规律时，理论和实验研究表明，因为气体分子具有一定的大小和不同的结构，这时不能再把分子看作质点。分子的运动不仅有平动，还有转动和振动等。在计算分子的能量时要考虑到气体分子各种运动的能量。为此，先引入自由度的概念。

3.1.1　自由度

决定一个物体在空间的位置所需要的独立坐标数，称为这个物体的自由度数，表示这个物体运动形式的复杂程度。

先分析一下最简单的质点运动自由度。如果一个质点可以在空间自由运动，那么它的位置需要三个独立坐标(x,y,z)来确定，则该质点有三个自由度。如果质点被限制在一个平面上或曲面上运动，那么该质点的位置只需要两个独立坐标(x,y)来确定，它有两个自由度。如果质点限制在一直线或曲线上运动，用一个独立坐标就可以确定它的位置，即这个质点只有一个自由度。如果把飞机、轮船、火车都视为质点，则飞机有三个自由度，轮船有两个自由度，火车只有一个自由度。

刚体的运动要稍微复杂一点，不仅有平动，还有转动。刚体的位置可由质心的位置、刚体转轴的取向和绕此轴线转动的角度来确定，如图 3.1 所示。质心C的位置由三个独立的坐标x，y，z确定，即质心运动有三个自由度。轴线CA的取向可由它与三个坐标轴的三个夹角α、β、γ确定。因三个夹角满足方程$\cos^2\alpha+\cos^2\beta+\cos^2\gamma=1$，所以只有两个夹角是独立的，即轴线有两个自由度。绕轴线的转动只需一个角度确定位置，即有一个自由度。所以总的说来，一个在空间自由运动的刚体，需 6 个独立坐标来确定位置，即有 6 个自由度。一般称前三个为平动自由度，后三个为转动自由度。但当刚体的转动受到某种限制时，刚体的自由度会减少。

根据上述概念，就可以确定气体分子的自由度。对单原子气体分子(如 He、Ne 等)，可视为质点，只有三个平动自由度而没有转动自由度。对双原子气体分子(如 H_2、O_2 等)，常温下可看成是两个保持一定距离的质点，类似于哑铃。由于两个质点绕其连线为轴的转动是没有意义，

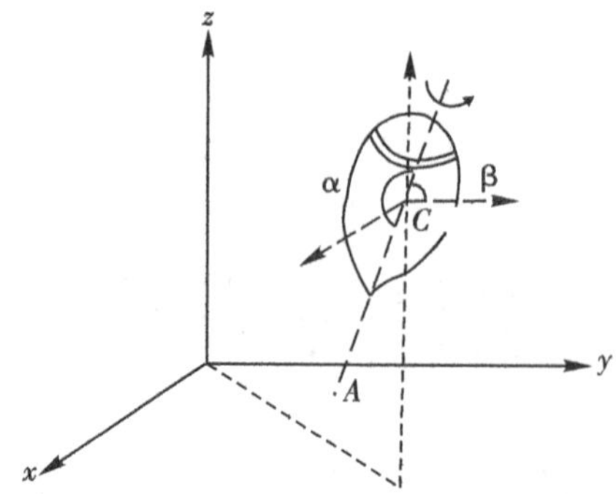

图 3.1 刚体的自由度分析

因此它有三个平动自由度和两个转动自由度，共有五个自由度。对于刚性多原子分子（三个原子或三个原子以上的分子，如 CO_2、H_2O 等），有三个平动自由度和三个转动自由度，共有六个自由度。实际上，双原子或多原子气体分子一般并不完全是刚性的，原子间的距离在原子间力的相互作用下，会发生变化，分子内部会发生振动，因此除了平动和转动外，当分子内的振动不能忽略不计时，还应考虑振动自由度。

3.1.2 能量按自由度均分原理

由上一章温度公式可知，理想气体分子的平均平动动能为

$$\bar{\varepsilon}=\frac{1}{2}m\overline{v^2}=\frac{3}{2}kT$$

其中

$$\overline{v^2}=\overline{v_x^2}+\overline{v_y^2}+\overline{v_z^2}$$

根据统计假设，平衡态下，气体中大量分子沿各方向运动的概率是一样的，因此有

$$\overline{v_x^2}=\overline{v_y^2}=\overline{v_z^2}=\frac{1}{3}\overline{v^2}$$

由此可得

$$\frac{1}{2}m\overline{v_x^2}=\frac{1}{2}m\overline{v_y^2}=\frac{1}{2}m\overline{v_z^2}=\frac{1}{2}kT \tag{3.1}$$

这个结果表明，气体分子的平均平动动能可以认为是平均分配在每一个平动自由度上，分子每个自由度的平均动能都是$\frac{1}{2}kT$。能量按自由度均匀分配的这一原则不仅适用于分子的平动，也适用于分子的转动和振动；不仅适用于气体，也适用液体和固体。经典统计理论可以证明：在温度为 T 的平衡态下，物质（气体、液体、固体）分子的每一个自由度都具有相同的平均动能，其大小都等于$\frac{1}{2}kT$，这一结论就叫能量按自由度均分原理。根据这个原理，如果气体分子共有 i 个自由度，则每个分子的平均动能为$\frac{i}{2}kT$。

需要指出，气体分子的实际运动形式与温度有关。如 H_2 分子，在低温时，只有平动；在室温下，有平动和转动；在高温时，除了有平动和转动外还有振动。考虑振动时，除考虑分子每个

振动自由度的平均动能$\frac{1}{2}kT$外，还应考虑分子的每个振动自由度对应有平均势能$\frac{1}{2}kT$。实验表明，在常温下，一般可不考虑振动，视气体分子为刚性分子。因此在后面的讨论中，理想气体每个分子的平均能量为

$$\bar{\varepsilon} = \frac{i}{2}kT \tag{3.2}$$

对于单原子分子 $i = 3$，双原子分子 $i = 5$，多原子分子 $i = 6$。

能量按自由度均分原理反映了平衡态下分子热运动的能量所遵循的统计规律。对个别分子来说，在某一瞬时它的各种形式动能不一定按自由度均分(一般情况下必然不会均分)。不过对大量分子整体来说，由于分子无规则运动和不断碰撞，一个分子的能量很容易传给另一个分子，一种形式的动能很容易转化为另一种形式的动能，一个自由度的能量也很容易转化为另一个自由度的能量。这些能量的转化过程发生的如此频繁，因而总体来看，在平衡态时理想气体分子能量就被自由度均匀分配了。

3.1.3　理想气体的内能

物体温度增加，其热运动状态加剧，物体内能也相应增加。内能的定义是物体分子各种运动形式的动能(平动动能、转动动能和振动动能)以及分子与分子之间、分子内各原子之间相互作用的势能的总和。对于理想气体，因不计分子间相互作用力，所以分子之间的势能为零。在常温下，气体分子可视为刚性分子，分子内的振动能量可不计。因此，常温时理想气体的内能就是指所有分子的平动动能和转动动能的能量总和。

如果某理想气体的自由度为 i，则其每个分子的平均能量 $\bar{\varepsilon} = \frac{i}{2}kT$，每摩尔气体内有 N_A 个分子，所以每摩尔理想气体的内能为

$$U_m = N_A \frac{i}{2}kT = \frac{i}{2}RT \tag{3.3}$$

因此，质量为 M，摩尔质量为 μ 的理想气体的内能为

$$U = \frac{M}{\mu}\frac{i}{2}RT \tag{3.4}$$

综上所述，一定量的理想气体的内能完全取决于气体的热力学温度 T。理想气体的内能只是温度的单值函数是理想气体的另一个基本性质。在各种热力学过程中内能与温度的关系将在热力学第一定律部分详细介绍。

例 3.1　试求温度为 0 ℃ 时，每摩尔氦气、氧气和氨气的内能。再求温度每升高 1 ℃ 时，它们的内能各增加多少？

解　在常温下上述气体可视为理想气体，根据理想气体的内能公式

$$U = \frac{M}{\mu}\frac{i}{2}RT$$

每摩尔理想气体的内能为

$$U_{mol} = \frac{i}{2}RT$$

对于氦气，$i=3$

$$U_{\mathrm{mol}}=\frac{3}{2}\times 8.31\times 273=3.41\times 10^{3}\ \mathrm{J}$$

对于氧气，$i=5$

$$U_{\mathrm{mol}}=\frac{5}{2}\times 8.31\times 273=5.68\times 10^{3}\ \mathrm{J}$$

对氨气，$i=6$

$$U_{\mathrm{mol}}=\frac{6}{2}\times 8.31\times 273=6.80\times 10^{3}\ \mathrm{J}$$

根据内能公式，内能增量的计算公式为

$$\Delta U=\frac{M}{\mu}\frac{i}{2}R\Delta T$$

每摩尔理想气体，温度增加 $\Delta T=1$ ℃ 时，内能增加$\frac{i}{2}R$，则

对于氦气

$$\Delta U_{\mathrm{mol}}=\frac{3}{2}\times 8.31\times 1=12.5\ \mathrm{J}$$

对于氧气

$$\Delta U_{\mathrm{mol}}=\frac{5}{2}\times 8.31\times 1=20.8\ \mathrm{J}$$

对于氨气

$$\Delta U_{\mathrm{mol}}=\frac{6}{2}\times 8.31\times 1=24.9\ \mathrm{J}$$

3.2 麦克斯韦速率分布律

当气体处于平衡态时，各个分子以不同的速率沿各个方向作无规则运动，同时由于频繁碰撞，分子的速度大小和方向还在不断的改变。虽然分子运动在微观上是杂乱无章的，但是理论和实验都证明，在处于平衡态的热系统中，气体分子的速率分布遵循确定的统计规律。本章将重点介绍其中最著名的麦克斯韦速率分布定律，为此先了解速率分布函数的概念。

3.2.1 速率分布函数

为了描述平衡态下气体分子速率的分布情况，可以把速率由零至无穷大分成许多速率间隔相等的速率区间。设气体总分子数为 N，处在速率区间 $v\sim v+\Delta v$ 内的分子数为 ΔN，则 $\Delta N/N$ 表示处在这一速率区间内的分子数占总分子数的百分比。表 3.1 给出了 0 ℃ 时氧气分子速率分布的实验测试结果。从这个表中可以看出速率小于 100 $\mathrm{m\cdot s^{-1}}$ 的分子数目很少，只占 1.4%；速率大于 900 $\mathrm{m\cdot s^{-1}}$ 的分子数目也很少，只占 0.9%；而约 73% 的分子速率都处于 200 ~ 600 $\mathrm{m\cdot s^{-1}}$，特别是 400 $\mathrm{m\cdot s^{-1}}$ 附近。由表 3.1 还可以推导出，对于某一个氧分子来说，其速率出现在 400 $\mathrm{m\cdot s^{-1}}$ 附近的概率最大。分子速率比 400 $\mathrm{m\cdot s^{-1}}$ 大或小的越多，出现的概率

都会越小。

表 3.1　在 0 ℃ 时氧气分子速率分布

速率区间 $v \sim v+\Delta v/\mathrm{m \cdot s^{-1}}$	分子数百分比 $\Delta N/N$ /%
<100	1.4
$100 \sim 200$	8.1
$200 \sim 300$	16.5
$300 \sim 400$	21.4
$400 \sim 500$	20.6
$500 \sim 600$	15.1
$600 \sim 700$	9.2
$700 \sim 800$	4.8
$800 \sim 900$	2.0
>900	0.9

其实气体分子速率的分布可以在实验中直接测定。相关实验有很多，如分子射线实验、米勒和库士实验等，并且实验结果都差不多。这里简单介绍一下我国物理学家葛正权曾在 1934 年做的分子速率测定实验，装置示意如图 3.2 所示。金属铋在小炉 O 中受热熔化并蒸发，铋原子束通过炉上小孔逸出，再通过狭缝 S_1 和 S_2 进入抽空区域。圆筒 C 可绕中心轴 A 旋转，转速约为 500 $\mathrm{rev \cdot s^{-1}}$。铋原子束仅能在狭缝 S_3 正对狭缝 S_1 和 S_2 的短暂时间内进入圆筒，如图 3.2 所示。进入圆筒的铋原子束将投射并吸附在弯曲状玻璃板 G 上。取下玻璃板，用测微光度计测定玻璃板上变黑的程度，就可以确定到达玻璃板任一区域的原子数。

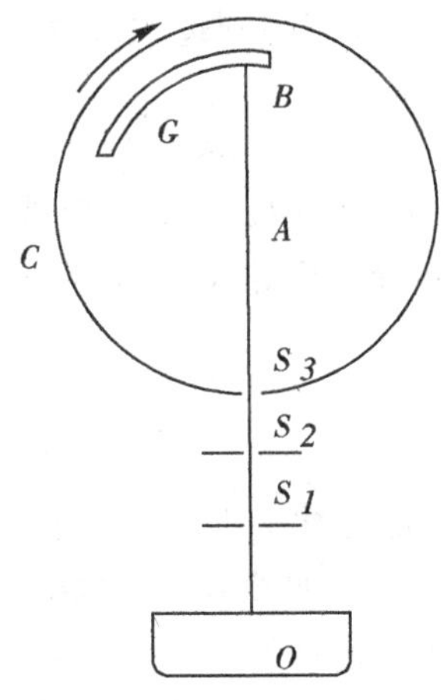

图 3.2　葛正权分子速率测定验示意图

该装置的巧妙之处在于，当圆筒顺时针方向旋转时，这些铋原子束在穿越圆筒直径过程中，玻璃板 G 向右移动。因此，这些铋原子撞击玻璃板的部位是在圆筒静止时的撞击点 B 的左方，而且铋原子速率愈小，其撞击点愈偏左。由此可知，玻璃板变黑程度在板上的分布就是铋原子束的“速率谱”，即体现了速度不同的分子占总分子数的比例。实验结果显示玻璃板 G 中间较黑，往两端颜色逐渐变浅。该结果表明中等速度的粒子占大多数，速度极大或极小的粒子数都很少，与表 3.1 所得结果基本一致。

当 Δv 足够小时可以用 $\mathrm{d}v$ 表示，相应的 ΔN 则用 $\mathrm{d}N$ 表示。百分比 $\mathrm{d}N/N$ 的大小与速率间隔 $\mathrm{d}v$ 的大小成正比，因此可表示为

$$\frac{\mathrm{d}N}{N} = f(v)\mathrm{d}v \tag{3.5}$$

$$f(v) = \frac{\mathrm{d}N}{N\mathrm{d}v}$$

式中函数 $f(v)$ 就称为速率分布函数。其物理意义是：速率在 $v \sim v+\mathrm{d}v$ 的单位速率区间的分子数占分子总数的百分比。表 3.1 的结果也表明 $f(v)$ 的值与 v 有关系。因为 $f(v)\mathrm{d}v$ 代表处在 $v \sim v+\mathrm{d}v$ 内分子数占总分子数的百分比，所以处在任一有限速率范围 $v_1 \sim v_2$ 内的分子数 ΔN 占总分子数 N 的百分比为

$$\frac{\Delta N}{N} = \int_{v_1}^{v_2} f(v)\mathrm{d}v \tag{3.6}$$

由于全部分子肯定分布在 $v=0$ 到 $v=\infty$ 的范围内，所以有

$$\int_0^{\infty} f(v)\mathrm{d}v = 1 \tag{3.7}$$

这一关系式是由速率分布函数本身的物理意义所决定的。它是速率分布函数 $f(v)$ 必须满足的条件，称为速率分布函数 $f(v)$ 的归一化条件。通常利用归一化条件来确定分布函数中的比例常数。

3.2.2 麦克斯韦速率分布定律

早在 1859 年，英国物理学家麦克斯韦就利用理想气体分子在三个方向上做独立运动的假设前提下导出了麦克斯韦速度分布律，从而得到理想气体在平衡态下分子的速率分布函数为

$$f(v) = 4\pi \left(\frac{m}{2\pi kT}\right)^{3/2} v^2 \mathrm{e}^{\frac{-mv^2}{2kT}} \tag{3.8}$$

式中 m 为气体每个分子的质量，T 为热力学温度，k 为玻耳兹曼常数。该分布函数被称为麦克斯韦速率分布函数。在平衡态下，气体分子中速率在 v 到 $v+\mathrm{d}v$ 区间内的分子数 $\mathrm{d}N$ 占总分子数 N 的百分比为

$$\frac{\mathrm{d}N}{N} = f(v)\mathrm{d}v = 4\pi \left(\frac{m}{2\pi kT}\right)^{3/2} v^2 \mathrm{e}^{\frac{-mv^2}{2kT}} \mathrm{d}v \tag{3.9}$$

这一规律称为麦克斯韦速率分布定律。以 v 为横轴，以 $f(v)$ 为纵轴，画出的曲线叫做麦克斯韦速率分布曲线，如图 3.3(a) 中曲线所示。这条曲线与后来实验给出的速率分布曲线相符。从曲线看出，虽然气体分子速率可取 $0 \sim \infty$ 之间的一切可能值(实际上任何物体运动速率都不能超过真空中的光速，但在麦克斯韦分布中把速率上限延伸到无穷大不会影响计算结果，故以后为方便计把速率上限定为无穷大)，但是速率很大和很小的分子数量都较少，而具有中等速率的分子所占的百分比却很大，正如表 3.1 所显示的结果。图 3.3(a) 中左边打斜条的狭长区域表示速率介于 $v \sim v+\mathrm{d}v$ 的分子数与总分子数之比，此即式(3.5)；而右边打斜条区域表示分子速率介于 $v_1 \sim v_2$ 内的分子数与总分子数之比，此即式(3.6)。另外，与 $f(v)$ 极大值对应的速率叫最大概然速率，通常用 v_p 表示。它的物理意义是，如果把整个速率范围分成许多相等的小区间，则分布在 v_p 所在的区间内的分子所占的比率最大。

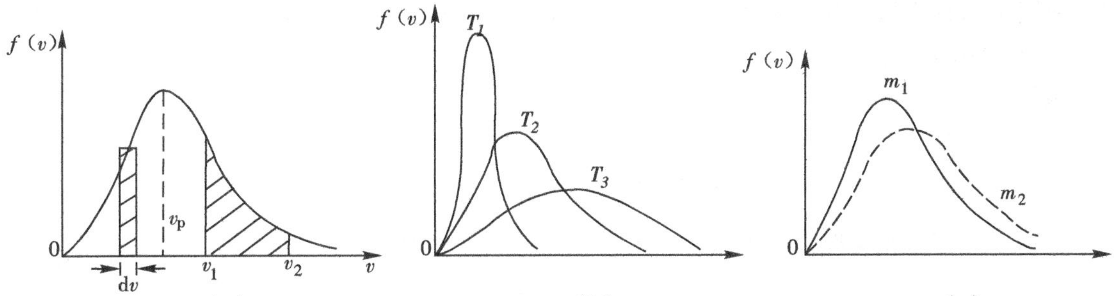

(a)　(b)　(c)

图 3.3　麦克斯韦速率分布律

麦克斯韦分布律是统计物理学中最基本、最常用也是最经典的规律，体现了理论分析与实验结果的完美统一。为了充分理解麦克斯韦分布律的意义，这里再进行几点说明：

(1) 麦克斯韦分布仅适用于平衡态的气体，因为这种分布是麦克斯韦对理想气体分子在三个直角坐标方向上均作独立运动的假设下推导出来的。平衡态气体分子数密度 n 和气体温度 T 都有确定唯一的数值，故其速率分布也是确定唯一的。它仅与分子质量及气体温度有关系。

(2) 麦克斯韦分布本身是统计平均的结果。它与其他的统计平均值一样，也会有涨落，但通常系统包含粒子数都非常多(即使是超高真空环境下)，其相对方均根偏差是非常小，可以忽略的。因此，麦克斯韦速率分布可适用于一切宏观容器中处于平衡态的理想气体。

(3) 麦克斯韦分布律还可以从另一方面理解：平衡态的理想气体中，某一个分子的速率因热运动及频繁的碰撞是随机的，但考虑一段时间的统计结果，其速率可能的取值存在统计规律，即其速率取 v_p 值的概率最大；与 v_p 值偏差越大，其概率越小；而取接近零或无穷大的概率都几乎为零。

(4) 麦克斯韦速率分布函数与速率 v 的关系为 $Av^2\exp\left(\frac{-mv^2}{2kT}\right)$，然后通过归一化条件可确定系数 $A=4\pi\left(\frac{m}{2\pi kT}\right)^{3/2}$。换句话说，麦克斯韦速率分布函数满足归一化条件。

(5) 从量纲角度分析可以帮助我们更好地记住分布公式。首先由于 e 指数的量纲为 1，则 $\frac{1}{2}mv^2$ 与 kT 是同量纲的；同时，当 $v\to\infty$时，$f(v)\to 0$，说明 e 的指数小于 0。因此很容易记住其 e 指数因子为 $\exp\left(\frac{-mv^2}{2kT}\right)$。另外，除指数因子之外还有归一化系数 A、幂函数因子 v^2 及微分元 $\mathrm{d}v$，其中 $v^2\,\mathrm{d}v$ 的量纲为 v 的三次方。要使得概率分布的量纲是 1，则其系数 A 呈 v^{-3} 量纲，而 v 的量纲与 $\left(\frac{2kT}{m}\right)^{1/2}$ 的量纲相同，所以分布公式中应有 $\left(\frac{m}{2kT}\right)^{3/2}$。最后再考虑加上一常数，这样就能较容易写出麦克斯韦速率分布律了。

3.2.3　分子速率的三种统计平均值

利用速率分布函数 $f(v)$，可以求出气体分子的平均速率 $\bar{v}$，方均根速率 $\sqrt{\overline{v^2}}$ 和最大概然速率 v_p。这三个速率是统计热力学中常用的物理量。同时，它们的求解过程，也是统计物理学中求宏观平均物理量的常用方法。下面详细介绍它们的求解过程和物理意义。

1. 平均速率

根据

$$\bar{v} = \frac{\int_0^\infty v \mathrm{d}N}{N} = \int_0^\infty v f(v) \mathrm{d}v$$

应用后面的附录中所列出的定积分公式可求得算术平均速率

$$\bar{v} = \sqrt{\frac{8RT}{\mu\pi}} \tag{3.10}$$

2. 方均根速率

根据

$$\overline{v^2} = \frac{\int_0^\infty v^2 \mathrm{d}N}{N} = \int_0^\infty v^2 f(v) \mathrm{d}v$$

可求得方均根速率

$$\sqrt{\overline{v^2}} = \sqrt{\frac{3RT}{\mu}} \tag{3.11}$$

上式与第二章由温度公式推出的式(2.6)一致,说明麦克斯韦速率分布律的合理性。

3. 最大概然速率

利用求极值的条件

$$\frac{\mathrm{d}f(v)}{\mathrm{d}v} = 0$$

可求得最大概然速率

$$v_{\mathrm{P}} = \sqrt{\frac{2RT}{\mu}} \tag{3.12}$$

以上各式中,μ 是气体的摩尔质量,R 是普适气体恒量,T 为气体的绝对温度。

气体分子的上述三种速率 v_{p}、$\bar{v}$ 和 $\sqrt{\overline{v^2}}$ 都与 $\sqrt{T}$ 成正比,与 $\sqrt{\mu}$ 成反比,即温度越高,三者都越大;而分子质量越大,则三者越小。三者关系为 $v_{\mathrm{p}} < \bar{v} < \sqrt{\overline{v^2}}$。在室温下,它们的数量级一般为每秒几百米。对同种气体温度越高,v_{p} 越大,但由于速率分布曲线下的总面积恒等于 1(请考虑下这是为什么?),所以温度升高时,曲线变得较平坦。由此可知,图 3.3(b) 中三条分子速率分布曲线所对应的温度 $T_1 < T_2 < T_3$。另外,图 3.3(c) 为同一温度下不同种类气体的分子速率分布曲线。因为分子质量越小的气体,v_{p} 越大,速率分布曲线也就越平坦,所以图 3.3(c) 中两条分子速率分布曲线所对应的分子质量 $m_1 > m_2$。

这三种速率可以用来分析不同的气体热力学统计问题。例如,在讨论气体分子的碰撞问题时要用到平均速率;在讨论气体的平均动能时,则要用到方均根速率;在讨论气体分子的速率分布时,就需要用最大概然速率。

例 3.2 计算气体分子热运动速率介于 v_{p} 与 $v_{\mathrm{p}} + 0.01v_{\mathrm{p}}$ 之间的分子数占的比率。

解 根据麦克斯韦速率分布定律,速率介于 v_{p} 与 $v_{\mathrm{p}} + 0.01v_{\mathrm{p}}$ 之间的分子数占的比率,在 Δv 较小时,可近似地表示为

$$\frac{\Delta N}{N} = 4\pi \left(\frac{m}{2\pi kT}\right)^{3/2} v^2 \mathrm{e}^{\frac{-mv^2}{2kT}} \Delta v$$

依题意，$v=v_{\mathrm{p}}$，$\Delta v=0.01v_{\mathrm{p}}$，且 $v_p=\sqrt{2kT/m}$，代入上式

$$\frac{\Delta N}{N}=\frac{4}{\sqrt{\pi}}\left(\frac{1}{v_{\mathrm{p}}}\right)3v_{\mathrm{p}}^{2}\mathrm{e}^{-1}(0.01v_{p})=0.83\%$$

3.3　玻耳兹曼分布律

麦克斯韦速率分布是理想气体处在平衡态下，在没有外力场作用时，分子按速率分布的规律，此时气体分子在空间各处的密度是均匀的。如果气体分子处在外力场中，气体分子会如何分布呢?下面先讨论重力场中粒子按高度的分布，然后引入统计物理学中著名的玻耳兹曼分布定律。

3.3.1　重力场中的粒子分布

在重力场中的大气分子受到两种作用。分子热运动使得它们在空间趋于均匀分布，而重力的作用则使它们趋于向地面降落。大气分子在重力作用和热运动两个因素同时影响下，在空间将形成一种非均匀的稳定分布，气体的分子数密度和大气压强都将随高度而减小。下面我们就来定量分析它们之间的关系。

首先在大气中截取一竖直圆柱体，如图 3.4 所示。然后在高度为 h 处取一竖直长度微元 $\mathrm{d}h$。假定高度 $h=0$ 处的地面大气压强为 p_0，高度为 h 处的大气压强为 p，而高度微元 $\mathrm{d}h$ 对应的大气压强变化量为 $\mathrm{d}p$。同时假定整个过程中大气温度均匀且不变。首先，根据流体静力学原理

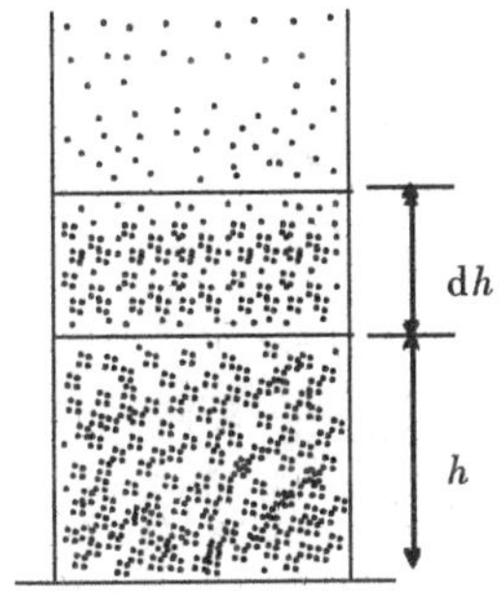

图 3.4　重力场中的粒子分布

$$\mathrm{d}p=\rho g\,\mathrm{d}h \tag{3.13}$$

其中 g 为重力加速度，ρ 为高度 h 处的大气质量密度，则有

$$\rho=nm$$

其中 n 为高度 h 处的大气分子数密度，m 为大气分子质量。

又考虑到

$$p=nkT$$

其中 k 为玻耳兹曼常数，T 为大气温度。

分析可得

$$dp = -\frac{pmg}{kT}dh$$

利用分离变量法,可得

$$\int_{p_0}^{p}\frac{dp}{p} = -\int_0^h \frac{mg}{kT}dh$$

其解为

$$p = p_0 e^{-\frac{mgh}{kT}} = p_0 e^{-\frac{\mu gh}{RT}} \tag{3.14}$$

式中 μ 为大气分子摩尔质量,R 为普适气体常数。(3.14) 式被称为等温气压公式。它表明在一定温度下大气压强随高度增加而作指数衰减。气压公式一方面可用来估算地球表面上空某处的大气压强,另一方面可以根据测得的大气压强来估算测量点的高度。

另外,由压强公式可知,气体压强 p 与气体分子数密度 n 成正比,故有

$$n = n_0 e^{-\frac{mgh}{kT}} = n_0 e^{-\frac{\mu gh}{RT}} \tag{3.15}$$

式中 n_0、n 分别为高度 $h = 0$ 和 h 处的气体分子数密度。

例 3.3 飞机从地面起飞升上天空后,压力计指示从 1 atm 变为 0.8 atm,假定大气温度都为 27 ℃,试估算其所处高度。

解 由气压公式

$$p = p_0 e^{-\frac{\mu gh}{RT}}$$

可估算飞机所处高度

$$h = \frac{RT}{\mu g}\ln\frac{p_0}{p} = \frac{8.31\times 300}{29\times 10^{-3}\times 9.8}\ln\frac{1}{0.8} = 2.0(\text{km})$$

3.3.2 玻耳兹曼分布律

对于在重力场中的理想气体系统,考虑到分子的重力势能 $E_p = mgh$,则式(3.15) 可表示为

$$n = n_0 e^{\frac{-E_p}{kT}} \tag{3.16}$$

如果分子处于其他保守力场中,则可把 E_p 看成与该保守力场相应的势能,这样上式的应用范围就可推广到任何形式保守力场中去了。比如在具有离心力的旋转系统中,径向惯性离心力的势能可表示为$\frac{1}{2}m\omega^2 r^2$,则与转轴距离 r 处的分子数密度为

$$n = n_0 e^{\frac{-m\omega^2 r^2}{2kT}} \tag{3.17}$$

其中 m 为气体分子质量,ω 为旋转系统的角速度。

利用 式(3.16),则位于空间某一小区域 $x \sim x + dx, y \sim y + dy, z \sim z + dz$ 中的分子数 dN 可表示为

$$dN = ndV = n_0 e^{\frac{-E_p}{kT}} dxdydz \tag{3.18}$$

式中 E_p 是位于(x,y,z) 处分子的势能。它表明对于相同的体积元 $dxdydz$ 来说,势能越大的区域分子数越少,势能越小的区域分子数越多;或者说分子处于高势能状态的概率小,处于低势能状态的概率大。总之,在势场中的分子总是优先占据势能较低的状态。(3.16) 及(3.18) 式就被称为玻耳兹曼分布定律。

如果气体分子处于保守力场中，分子不仅有动能 E_k，而且还有势能 E_p，则分子的总能量为 $E = E_k + E_p$。玻耳兹曼把麦克斯韦速率分布推广到保守力场中，以分子总能量 E 代替分子的动能 E_k，从理论上导出，理想气体在平衡态下，处在速度区间 $v_x \sim v_x + dv_x$、$v_y \sim v_y + dv_y$、$v_z \sim v_z + dv_z$ 和位置坐标区间 $x \sim x + dx$，$y \sim y + dy$，$z \sim z + dz$ 内的分子数为

$$dN = n_0 \left(\frac{m}{2\pi kT}\right)^{3/2} e^{-E/(kT)} dv_x dv_y dv_z dx dy dz \tag{3.19}$$

式中 n_0 表示在势能为零处单位体积内具有各种速率分子的总数。式(3.19) 称为麦克斯韦 — 玻耳兹曼分子按能量分布律，简称为玻耳兹曼分布律，或麦 — 玻分布。这是一个普遍性的规律，对任何形态的微粒(气体、液体、固体分子等) 在任何保守力场(如重力场、电场) 中运动的情形都成立。它在固体物理学、激光物理学、天体物理学和核物理学等学科专业中有着广泛的应用。

根据玻耳兹曼分布律，在一定的速度区间与坐标区间 $d\Omega = dv_x dv_y dv_z dx dy dz$ 内的分子数 dN 与 $d\Omega$ 的比值 $dN/d\Omega$ 取决于因子 $e^{-E/(kT)}$，该因子称为玻耳兹曼因子。从玻耳兹曼因子可以看出，能量分别为 E_1 与 $E_2(E_2 > E_1)$ 的分子数相对值 $dN/d\Omega$ 之比为 $e^{(E_2-E_1)/(kT)}$。由此可知，温度越高，$e^{(E_2-E_1)/(kT)}$ 的值越小，能量较大的分子数相对值越大。换句话说，当温度逐渐升高时，越来越多的分子占据着高能量的状态，只有在绝对零度($T = 0$) 时，分子才全部落入最低的能量状态。

3.4　量子统计分布律

在微观世界中，微观粒子所遵从的是量子力学的运动规律，它们的运动状态应该用量子力学的描述方法，在此基础上建立起来的统计理论是量子统计法。量子力学建立以前，在经典力学基础上建立起来的统计理论是经典统计法。量子统计法和经典统计法在基本的统计原理上是相同的，用量子统计法处理问题，可以把经典统计法看成是量子统计法在一定的极限条件下的近似。

量子力学中典型的微粒主要有费米子与玻色子，它们所遵从的统计分布分别称为费米 — 狄拉克分布与玻色 — 爱因斯坦分布。本节将对它们进行简单推导和说明。

3.4.1　费米 — 狄拉克分布

根据原子物理学中泡利不相容原理，原子的一个能级上最多只能有一对电子，且这对电子的自旋状态不同。也就是说，原子中所有的电子所处的能级状态都是不相同的。电子这类微观粒子符合费米 — 狄拉克分布，因此也被称为费米子。设能级 E 被占概率与未占概率之比为 x，则由玻耳兹曼分布律可知

$$x = Ae^{-E/(kT)}$$

故在能级 E 的一个量子态上的平均粒子数为

$$n(E) = \frac{1}{e^{(E-\mu)/kT} + 1} \tag{3.20}$$

其中 μ 可由 $e^{\mu/kT} = A$ 决定，取决于粒子总数 N。式(4.20) 称为费米 — 狄拉克分布(简称 FD 分布) 函数。下面我们来简单讨论费米 —— 狄拉克气体的性质。

首先考虑绝对零度 $T=0$ K 时的情况，对于费米子，每个量子态上只能容纳一个粒子，粒子从能量最低的量子态填充起，一级一级地填充上去，直到填完为止。这是泡利不相容原理规范下总能量最低的唯一状态。因此，这些粒子将填满从 0 到某一最高能量的所有能级。这个最高能级即费米能，通常用 E_f 来表示。费米能级是固体物理学中最重要的概念之一，用于表征物质微观上电子的行为，与物质的热导和电导等性质有密切关系。详细情况将会在固体物理学中介绍。常温常压下，气体分子的能量主要是平动动能，它对应一定的动量 P，与费米能 E_f 对应的动量 P 称为费米动量。

另外还可以从费米 — 狄拉克分布函数进行分析，当 $T\to 0$ 时，

$$n(E)=\frac{1}{\mathrm{e}^{(E-\mu)/kT}+1}=\begin{cases}0 & E>\mu\\ 1 & E<\mu\end{cases}$$

可以看出费米 — 狄拉克分布函数中的 μ 就是费米能级 E_f。低于这个能量，分布函数为常数 1；达到或超过这个能量，分布函数又突然下降到 0，如图 3.5(a) 所示。这说明高于 E_f 的能级上都是空的，说明这些能级上都填满了电子，因此费米 — 狄拉克分布函数也常常写成

$$n(E)=\frac{1}{\mathrm{e}^{(E-E_f)/kT}+1} \tag{3.21}$$

下面我们再来分析 $T>0$ K 的情况。由于泡利不相容原理，费米能级下面的电子只能跃迁到高于费米能级的空能级上，同时在原来所处能级上留下一个空位，这样就形成了所谓的“电子 — 空穴对”。当温度不太高，满足 $kT\ll E_f$ 时，将电子激发到高能级的能量一般只有几个 kT，因而电子 — 空穴对只能在出现在费米能级上下宽度为几个 kT 的狭窄范围内。这样就会使得费米分布台阶的棱角“磨圆”，形成有一定坡度的过渡带，如图 3.5(b) 所示。当温度进一步升高，此过渡带将逐渐拓宽。当温度 T 升到很高乃至使得 $kT>E_f$ 时，费米分布为 1 的平台就垮掉了，电子将不再服从泡利不相容原理，也即电子的简并解除。对于常温下的金属材料，金属中的自由电子就属于费米子，且满足 $kT\ll E_f$，自由电子中只有为数很小的一部分会受到热激发，比例约为 kT/E_f。因此，金属的热容主要来自于晶格中原子的热运动，自由电子的贡献可以忽略不计。

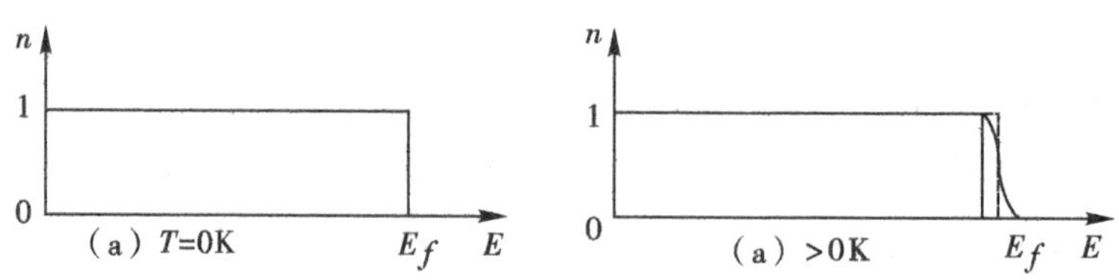

图 3.5 费米 — 狄拉克分布函数

3.4.2 玻色 — 爱因斯坦分布

在一些物质(如液氦和光子气体)微观结构上，某能级 E 的量子态上可以有任意多个全同粒子，我们把这种微粒就称为玻色子。由于玻色子量子态上有 0 个，1 个，2 个，3 个 … 的概率之比为 $1:x:x^2:x^3\cdots$，故在能级 E 的一个量子态上的平均粒子数为

$$n(E)=\frac{0+1x+2x^2+3x^3+\cdots}{1+x+x^2+x^3+\cdots}=\frac{x(1+2x+3x^2+\cdots)}{1+x+x^2+x^3+\cdots}$$

经过化简可得

$$n(E)=\frac{x}{1-x}=\frac{1}{e^{(E-\mu)/kT}-1} \tag{3.22}$$

上式称为玻色—爱因斯坦分布(简称 BE 分布)函数,其中 μ 由粒子总数 N 定出。

对多粒子体系来说,玻色—爱因斯坦统计应保证在所有温度下,所有能级的 $n(E)$ 均取正值且为有限值,否则式(3.22)就没有意义了。由式(3.22)可知,如果 $\mu>0$ 的话,$E<\mu$ 的量子态就会出现 $n(E)<0$ 的情况。这是不可能的,因此 μ 应小于等于零。如果要求最低能级(基态)上的粒子数 n_0 为正,就必须取 $\mu<0$。

现在考虑 $E>0$ 的任一激发态,能级 E 上的平均粒子数 n_E 与 n_0 之比为

$$\frac{n_E}{n_0}=\frac{e^{-\mu/kT}-1}{e^{(E-\mu)/kT}-1}\leqslant\frac{e^{-\mu/kT}}{e^{(E-\mu)kT}} \tag{3.23}$$

可见,当 $T\to0$,$n_E\to1$,基态上的粒子数趋近于总粒子数 N。

上述分析表明,温度接近绝对零度时玻色气体的几乎全部粒子都集中到基态上,形成一个“凝聚态”,称玻色—爱因斯坦凝聚。在这种情况下,基态上所有粒子的运动状态都是一样的,超流现象即来源于此。在超流体(例如 $T<2.2\text{K}$ 的液氦)中,所有原子仿佛成一整体,“抱成一团”地运动。超流没有通常流体的粘滞性,可以自由地流动,故称超流。玻色—爱因斯坦凝聚后的大量原子,具有相同的能量和动量,而且是整体运动,可以看作是一个宏观尺度的“原子”。因此,超流态是一种长程有序的宏观量子状态。

当温度大于0K时,刚开始只能极少量粒子激发到高能态上,形成玻色—爱因斯坦凝聚体“饱和蒸汽”。随着温度的升高,激发态上的粒子数密度逐渐增大,可以预期,当 T 达到某个值以上时,绝大多数粒子都处于激发态上。此即玻色—爱因斯坦凝聚的消失过程。

对热辐射(也被称为光子气体)过程,总粒子数不守恒,此时可取 $\mu=0$,故 BE 分布函数可表示成

$$n(E)=\frac{1}{e^{E/kT}-1} \tag{3.24}$$

并且由此可以导出黑体辐射的普朗克公式(证明从略)。

另外值得一提的是,当 $E-\mu\gg kT$ 时,FD 分布函数和 BE 分布函数均退化为麦克斯韦—玻耳兹曼分布函数。

附注:几个定积分公式

$$\int_0^\infty e^{-ax^2}dx=\frac{1}{2}\sqrt{\frac{\pi}{\alpha}}$$

$$\int_0^\infty x^{2n}-e^{-ax^2}dx=\frac{1\times3\times5\times\cdots\times(2n-1)}{2^{n+1}\alpha^n}\sqrt{\frac{\pi}{\alpha}}$$

$$\int_0^\infty x^{2n}-e^{-ax^2}dx=\frac{1}{2}\frac{n!}{\alpha^{n+1}}$$

$$\int_0^\infty x^{2n}-e^{-ax^2}d\mathrm{x}=\frac{1}{2}\frac{n!}{\alpha^{n+1}}$$

第 3 章思考题

1. 什么是自由度?单原子分子和双原子分子各有几个自由度?它们是否随温度变化?

2. 能量按自由度均分原理中的能量指的是动能还是动能和势能的总和,与每一个振动自由度对应的平均能量是多少?为什么?

3. 什么是内能?怎样计算理想气体的内能?单原子分子理想气体和双原子分子理想气体的内能有何不同?一定量理想气体的内能是由哪些因素决定的?

4. 如果氦气与氢气的温度相同,两种气体分子的平均平动动能是否相同?平均总动能是否相同?方均根速率是否相同?

5. A、B两瓶装有温度相同的氧气,若 $V_A = 2V_B$,$p_B = 2p_A$。试分析两瓶内氧气的内能是否相同?

6. 试说明下列各式的物理意义。

(1) $\frac{1}{2}kT$; (2) $\frac{3}{2}kT$; (3) $\frac{i}{2}kT$;

(4) $\frac{i}{2}RT$; (5) $\frac{M}{\mu}\frac{i}{2}RT$; (6) $\frac{M}{\mu}\frac{i}{2}R\Delta T$

7. 统计规律有何特点?试举几个服从统计规律的自然现象或社会现象的实例。

8. 两容器分别盛有氢气和氧气,如果它们的压强、体积、温度都相同,则它们的分子速率分布是否相同?

9. 速率分布函数的物理意义是什么?试说明下列各量的物理意义:

(1) $f(v)\mathrm{d}v$; (2) $Nf(v)\mathrm{d}v$; (3) $\int_{v_1}^{v_2} f(v)\mathrm{d}v$;

(4) $\dfrac{\int_{v_1}^{v_2} vf(v)\mathrm{d}v}{\int_{v_1}^{v_2} f(v)\mathrm{d}v}$; (5) $\int_0^{\infty} vf(v)\mathrm{d}v$; (6) $\int_0^{\infty} \frac{1}{2}mv^2 f(v)\mathrm{d}v$

10. 气体分子的最概然速率、平均速率和方均根速率各是怎样定义的,它们的大小各由哪些因素决定?

11. 分子质量为 m、温度为 T 的气体,其分子数密度按高度 h 分布的规律是什么?

第 3 章练习题

1. 有一瓶质量为 M 的氢气(视作刚性双原子分子的理想气体),温度为 T,求其中氢分子的平均平动动能、氢分子的平均动能和该瓶氢气的内能。

2. 求温度为 27 ℃ 时一摩尔氧气具有的平动动能和转动动能分别为多少。

3. 有 $2\times10^{-3}\ \mathrm{m}^3$ 刚性双原子理想气体,其内能为 6.75×10^2 J

(1) 试求气体的压强;

(2) 设分子总数为 5.4×10^{22} 个,求分子的平均平动动能及气体的温度。

4. 将温度为273 K,压强为 1.01×10^5 Pa的氧气密闭在一边长为0.1 m的立方形容器中,试求一个氧分子由这容器的顶面落到底面时重力势能的改变量与这个氧分子的平均平动动能之比。

5. 设氢气的温度为 300 ℃，求速率在 3000 $m \cdot s^{-1}$ 与 3010 $m \cdot s^{-1}$ 之间的分子数 ΔN_1，与速率在 v_P 与 $v_P + 10\ m \cdot s^{-1}$ 之间分子数 ΔN_2 之比。

6. 在什么温度下，氢分子的最概然速率为 200 $m \cdot s^{-1}$？试求出在此温度下的平均速率和方均根速率。

7. 试计算：(1) 气体分子中速率与最概然速率之差不超过最概然速率的 1% 的分子有百分之几？(2) 速率与方均根速率之差不超过方均根速率的 1% 的分子有百分之几？

8. 两个相同的容器内装有数目相同的氧分子，二者用阀门相连，第一个容器内分子的方均根速率为 v_1，第二个容器内分子的方均根速率为 v_2，问如果打开连接容器的阀门，那么方均根速率将为多少？(设此过程中系统与周围环境无热交换)

9. 试根据麦克斯韦速率分布律求分子速率倒数的平均值。

10. 有 N 个粒子，其速率分布函数为

$$f(v) = \frac{\mathrm{d}N}{N\mathrm{d}v} = C \quad (0 < v < v_0)$$

$$f(v) = 0 \qquad (v \geqslant v_0)$$

(1) 试作速率分布曲线；

(2) 由 N 和 v_0 求常数 C；

(3) 求粒子的平均速率。

11. 试计算上升到什么高度处大气压强减为地面的 75%？设空气的温度为 0 ℃。

12. 若一容积为 $5 \times 10^{-3}\ m^3$ 的氧气瓶在 0 ℃ 下所充氧气的压强为 2.02×10^6 Pa。登山运动员带这瓶氧气登至 6000 m 高处供氧，当瓶内剩下 1.01×10^6 Pa 时停止使用，求按 6 000 m 高处的大气压强计算运动员用氧气多少升？(设在整个过程中温度始终为 0 ℃)

13. 装有一定量气体的容器以速率 v 运动着，令容器突然停止，而气体的全部动能都转化为内能(设传给器壁的热可不计)，问气体分子速率平方的平均值增加了多少？设(a) 气体分子是单原子的；(b) 气体分子是刚性双原子的，若二者结果不同，试解释为什么。

第 4 章

气体输运过程

前三章中所涉及的都是气体在平衡态下的性质和规律，而实际上自然界各种宏观系统一般都处于非平衡态和在非平衡态下的变化过程。平衡态只是其中个别特殊情况，准静态过程也只是理想化的过程。与平衡态、准静态过程相比，非平衡态、非静态过程的情况复杂得多，对它们的描述和处理也复杂得多。本书只介绍比较简单的情况，即接近平衡态的非平衡过程。其实通常在均匀且恒定的外部条件下，当热力学系统对于平衡态稍有偏离时，分子间的相互作用（碰撞）会使之向平衡态趋近。

气体系统由非平衡态趋向平衡态的变化过程中，都会使得某种物理量发生迁移或输运，故这一过程被称为输运过程。本章将在理想气体分子动理论的基础上，首先介绍几个在气体输运过程中重要的物理概念，如分子平均碰撞频率和分子平均自由程等；然后分析三种最典型的输运过程：粘滞现象、热传导现象和扩散现象，分别利用黏性系数、导热系数和扩散系数来描述这三种输运过程，并得出其中基本的物理规律。

4.1 分子碰撞模型

本节从气体分子动理论观点出发来研究气体输运过程，首先介绍处理输运问题的一种气体微观模型 —— 弹性刚球模型，并在此基础上引入气体分子平均碰撞频率和分子平均自由程的概念。

4.1.1 弹性刚球模型

室温下，气体分子运动的平均速率达每秒几百米。按照这个速率运动，当把一瓶香水的盖子打开，远处的人应该瞬间就能闻到香水味。但经验告诉我们，香味要经过几秒或几十秒的时间才能传过几米的距离。冬天在屋子里生炉子，也要经过一段时间热气才能充满整个房间。这两个常见生活现象说明气体的扩散速度远低于分子运动平均速度。克劳修斯首先提出“分子间相互碰撞”的概念来解释这两个现象。他指出，气体分子的速率虽然很大，但在前进中要与其他分子作很多次的碰撞，致使其路程变得迂回曲折，如图 4.1 所示。这一理论假说可以较好解释分子平均速率很大但扩散过程却比较缓慢的原因。

由此看来，分子间的碰撞问题对于气体内的输运过程具有重要的影响，不能像之前研究理想气体压强那样，不考虑分子间的碰撞。为更准确研究输运过程，这里使用另一种气体微观模型，把分子看作无引力的弹性刚球，也即两个分子只有在碰撞的瞬间他们之间才有力的作用。当两分子间的距离较大时，它们之间无任何相互作用，分子做匀速直线运动；当二者质心间的距离减小到一定距离 d（即分子有效作用直径）时，便突然发生无穷大的斥力，以阻止分子间的接近，并使两分子运动状态改变。这个过程与台球中母球和色球的作用情况类似。图 4.1 是用弹性刚球模拟一个分子在前进过程中发生多次碰撞的情况。显然，在其前进路径上直径为 $2d$ 的柱状空间内的分子都会与该分子发生碰撞，使其速度发生突变。

当然，气体热力学系统是一个复杂的系统，把两个分子间的相互作用过程看成是两个无引力的弹性刚球之间的碰撞，只不过是为了使问题简化的理想模型。这种模型与理想气体微观模型相比，同样忽略了分子间的吸引力(因此，同样只适用于稀薄气体)；但考虑了分子斥力起作用时两个分子质心之间有一定的距离，即考虑了分子体积，而不是像理想气体模型那样，忽略了分子本身的大小。

4.1.2　分子的平均碰撞频率

气体分子间的无规则碰撞对气体的平衡态的性质起着十分重要的作用。一方面由于分子间的无规则碰撞引起了分子速度的不断改变，所以平衡态下的分子速率有一稳定的分布；另一方面，由于分子间频繁的碰撞，能量在分子间不断转移，使得气体分子表现出能量均分定理等规律。总而言之，分子间的碰撞在气体由非平衡态到达平衡态的过程中起着关键作用。

简单分析容易得出，气体输运过程的快慢与分子间相互碰撞的频繁程度有密切的关系。为了描述这种频繁程度，这里引入分子碰撞频率的概念。

虽然每个分子在一定时间内与其他分子发生碰撞的次数是偶然的，但是从统计观点来说，每个分子在单位时间内与其他分子相碰的平均次数是一定的，有规可循。这里我们把每个分子单位时间内与其他分子相碰的平均次数称为分子的平均碰撞频率，以 Z 表示。其数值的大小反映气体分子间发生碰撞的频繁程度。

现在我们来追踪一个分子 A，如图 4.1 所示，计算单位时间内与它发生碰撞的分子数。我们首先假设其余的分子都是静止的，考虑分子 A 以平均相对速率 $\bar{u}$ 运动。分子在时间 t 内走过的平均路程为 $\bar{u}t$。从图 4.1 可以看出，虽然分子的半径仅为 $d/2$，但当分子 A 前进时，只要其他分子的中心与 A 所扫过的圆柱体的轴线的距离小于 d，就能彼此相碰。由此可得，如果以分子 A 中心点的运动轨迹为轴线，以分子的有效直径 d 为半径作一个曲折的圆柱体，则凡是中心在此圆柱体内的分子都会与 A 分子相碰。为了便于计算分子碰撞频率，可以把这曲折圆柱体折合成一个直圆柱体(体积不会改变)。

柱体的截面面积

$$S = \pi d^2$$

S 也称为分子的碰撞截面。在时间 t 内，相应的圆柱体的体积为

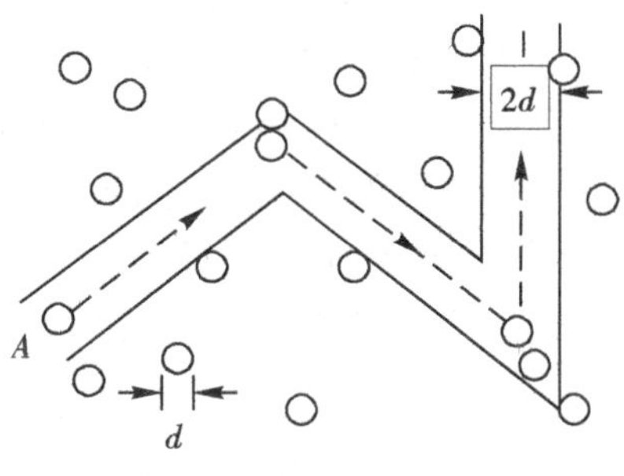

图 4.1　刚球碰撞模型

$$V = S\overline{u}t = \pi d^2 \overline{u}t$$

则在此圆柱体内的总分子数为

$$N = nV = nS\overline{u}t = \pi d^2 \overline{u}tn$$

其中 n 为气体分子数密度。在时间 t 内，圆柱体内的 N 个分子与分子 A 相碰。因此，分子 A 单位时间的碰撞次数为

$$\overline{Z} = \frac{N}{t} = \pi d^2 \overline{u}n \tag{4.1}$$

$\overline{Z}$ 即分子的平均碰撞频率。

上面推导过程首先假定了除一个分子 A 运动以外其余分子都是静止的。而实际上一切分子都在以各种不同的速率运动，并服从麦克斯韦速率分布，因此式(4.1)必须修正。如果考虑所有分子运动满足麦克斯韦速率分布律，则可从理论上证明气体分子平均相对速率 $\overline{u}$ 与算术平均速率 $\overline{v}$ 之间存在以下关系：

$$\overline{u} = \sqrt{2}\,\overline{v}$$

由此可以得出气体分子的平均碰撞频率为

$$\overline{Z} = \sqrt{2}\,\pi d^2 \overline{v}n \tag{4.2}$$

由此式可以看出，分子平均碰撞频率与分子算术平均速率 $\overline{v}$、分子数密度 n 成正比，还与分子有效直径 d 的平方成正比。这表示分子的大小、分子的浓度和分子运动的快慢都对碰撞的频繁程度起着重要的作用。

4.1.3 分子平均自由程

我们还可以从另一侧面描述气体分子间发生碰撞的频繁程度，为此引入分子平均自由程的概念。分子在连续两次碰撞之间自由运动的平均路程称为分子的平均自由程，常用 $\overline{\lambda}$ 表示。

一秒钟内分子运动经过的平均路程等于分子的平均速率 $\overline{v}$，而一秒钟内分子的平均碰撞次数为 $\overline{Z}$，根据平均自由程的定义，应有

$$\overline{\lambda} = \frac{\overline{v}}{\overline{Z}} \tag{4.3}$$

将式(4.2)代入式(4.3)，可得

$$\overline{\lambda} = \frac{1}{\sqrt{2}\,\pi d^2 n} \tag{4.4}$$

此式表明，分子的平均自由程只与分子数密度 n 和分子有效直径 d 有关。由此可知，当分子大小和分子数密度一定时，平均分子每走多远碰撞一次是确定的，运动越快，只不过是在相同的时间内碰撞的次数越多。对于某一给定的气体，分子的平均自由程只与其分子数密度 n 有关，而与分子的平均速率 $\overline{v}$ 无关。当气体越稀薄时，分子数密度 n 越小，分子发生碰撞的概率就越低，其平均自由程就越大。为了找出气体平均自由程与状态参量的关系，考虑到压强公式 $p = nkT$，代入式(4.4)，可得

$$\overline{\lambda} = \frac{kT}{\sqrt{2}\,\pi d^2 p} \tag{4.5}$$

这说明，当温度一定时，气体平均自由程与压强成反比。

例 4.1　计算标准状态下，氢气分子的分子数密度，平均自由程和平均碰撞频率，已知氢分子的有效直径为 2×10^{-10} m。

解　由压强公式可得标准状态下氢气分子数密度

$$n=\frac{p}{kT}=\frac{1.013\times10^{5}}{1.38\times10^{-23}\times273}=2.69\times10^{25}(\mathrm{m}^{-3})$$

则分子的平均自由程为

$$\bar{\lambda}=\frac{1}{\sqrt{2}\pi d^{2}n}=\frac{1}{1.41\times3.14\times(2\times10^{-10})^{2}\times2.69\times20^{25}}$$
$$=2.10\times10^{-7}(\mathrm{m})$$

该平均自由程约为分子直径的 1000 倍。由麦克斯韦速率分布律推导出的结论，氢分子的平均速率为

$$\bar{v}=\sqrt{\frac{8RT}{\pi\mu}}=\sqrt{\frac{8\times8.31\times273}{3.14\times2\times10^{-3}}}$$
$$=1.70\times10^{3}(\mathrm{m\cdot s^{-1}})$$

则氢分子的平均碰撞频率

$$\bar{Z}=\frac{\bar{v}}{\lambda}=\frac{1.70\times10^{3}}{2.10\times10^{-7}}=8.10\times10^{9}(\mathrm{s}^{-1})$$

由此可见在标准状态下，一个氢分子每秒钟的平均碰撞次数约为 81 亿次。

4.2　三种典型输运过程

本节介绍三种最典型的输运过程：粘滞现象、热传导现象和扩散现象，并从分子动理论角度分析这三种输运过程的微观物理机理。

4.2.1　粘滞现象

定向流动的气体，如果各层流速不同，则在相邻两个气层之间的接触面上将形成一对等值反向的力(流体内摩擦力)，这对力阻碍气层间的相对运动，使流速较慢的气层加速，而使流速较快的气层减速，这种现象称为粘滞现象(也称内摩擦现象)。比如飞驰而过的汽车会带动路边的空气流动，以致汽车附近区域的树叶和灰尘都被吹动。

下面介绍描述粘滞现象强弱程度的方法。设气体沿 y 轴方向流动，其流速 u 大小沿 x 轴变化，$\mathrm{d}u/\mathrm{d}x$ 表示气体流速沿 x 轴方向的空间变化率，即流速梯度。设 $\mathrm{d}S$ 为垂直于 x 轴的两气层的界面面积微元，界面两侧的气体流速不同，低速侧用 A 表示，高速侧用 B 表示。流体实验表明，作用在界面 $\mathrm{d}S$ 处的内摩擦力 f 的大小与该处气体的流速梯度成正比，同时也与界面面积 $\mathrm{d}S$ 成正比，即

$$f=\pm\eta\frac{\mathrm{d}u}{\mathrm{d}x}\mathrm{d}S \tag{4.6}$$

上式称为牛顿黏性定律，是黏性流体中的一个基本规律。其中比例系数 η 称为黏性系数或内摩擦系数，单位为帕·秒(Pa·s)，用于描述气体在粘滞现象中黏性的大小。若 f 作用于流速慢的气层，式(4.6) 则取正号；f 作用于流速快的气层，式(4.6) 则取负号。

从统计理论看，气体内各层流速不同，分子的定向运动动量不相同。由动量定理，式(4.6)

可以表示成

$$dp = f\mathrm{d}t = \pm \eta \frac{\mathrm{d}u}{\mathrm{d}x}\mathrm{d}S\mathrm{d}t \tag{4.7}$$

式(4.7) 中 dp 为低速侧 A 部在 dt 时间内通过截面 dS 从高速侧 B 部得到的动量。通过内摩擦作用,低速侧 A 部增加动量,高速侧 B 部减少动量,两处动量的变化量相等,总动量守恒。

式(4.6) 和(4.7) 就是流体粘滞现象的宏观规律。液体内的黏性力主要起源于分子间的相互作用力。我们知道气体分子间的相互作用力很弱,那么气体黏性现象是怎样引起的呢?

如上所述,当气体内存在速度梯度(即流速不均匀) 时,气体内相邻两层间就出现内摩擦力。从宏观上看来,这也就是在两流层间发生了定向的动量迁移,但是这个动量是沿 y 轴方向。它是怎样沿 x 轴方向由 B 部传到 A 部的?这就必须考虑传输运动量的微观机制。

从气体动理论的观点看来,无论气体是否有宏观流动,分子都在作无规则运动,各具有不同的无定向运动动量,但达到平衡态时,这种动量的平均值是零(动量是矢量)。当气体流动时,每个分子又在这个无定向动量上附加一个定向动量 mu(m 为分子质量,u 为该气体分子所在气层的流速)。根据上述假设,气体的流速沿 x 轴的正方向增大,所以截面 dS 高速侧 B 部的分子定向动量大,截面低速侧 A 部分子的定向动量小。由于分子的无规则运动,A、B 两部分的分子不断交换,A 部分子带着较小的定向动量转移到 B 部,B 部分子带着较大的定向动量转移到 A 部。结果造成 A、B 两部定向动量的等值交换,使 A 部在 dt 时间内通过 dS 面积净得了动量 dp,宏观上形成了定向动量输运。这种动量输运的效果就相当于 A、B 两部互施黏性力,因此气体的粘滞现象是由于气体内大量分子无规则运动输运定向动量的结果。

根据以上分析,由统计理论可推导出黏性系数为

$$\eta = \frac{1}{3}\rho\bar{v}\bar{\lambda} \tag{4.8}$$

式中 ρ 为气体的密度,$\bar{v}$ 为气体分子算术平均速率,$\bar{\lambda}$ 为气体分子平均自由程。由式(4.8) 计算的结果和实验测试的结果是一致的。

从式(4.8) 可以看出,黏性系数不仅与气体性质有关,而且与所处状态有关。不过还可以看出,黏性系数与压强无关。对此微观上可以这样解释:当压强降低时,n 必能相应减少,这一方面会使得通过 dS 面两边的分子对数目减少,而另一方面也会使 dS 面两边的分子能够从相距更远的气层过来无碰撞地通过 dS 面,因而每交换一对分子,所输运的动量(和能量) 增大。这两种相反的作用同时存在,使得黏性系数 η 与压强 p 无关。

另外由式(4.8) 能推出,气体的黏性系数 η 随温度的升高而增大。这与液体黏性系数随温度变化的情况恰恰相反。这一结论也已经被实验所证实。其原因在于:液体黏性主要来源于分子力,温度愈高,分子力愈弱,因而 η 愈小;而气体黏性来源于分子输运定向动量,温度越高,分子运动越快,单位时间内交换分子对的数目越多,输运定向动量越多,因而 η 越大。

4.2.2 热传导现象

热传导是热传递的三种方式(热传导、对流、热辐射) 之一,它是当气体各处温度不均匀时热量由温度高处向温度低处输运的过程。烧水烧饭、生炉取暖和测量体温是生活中常见的热现象,都含有热传导过程。

下面我们来描述热传导过程的快慢。设有一温度不均应的气体,其温度 T 沿 x 轴变化,

dT/dx 表示气体温度沿 x 轴方向的空间变化率，也即温度梯度。设 dS 为垂直于 x 轴的界面面积微元，低温侧用A部表示，高温侧用B部表示。实验表明，在时间 dt 内，从温度较高一侧B部，通过界面 dS 向温度较低的一侧 A 部所传递的热量 dQ，与该界面 dS 处的温度梯度成正比，同时也与界面面积 dS 成正比，即

$$dQ = -\kappa \frac{dT}{dx} dS dt \tag{4.9}$$

其中比例系数 κ 称为气体的热传导系数，或导热系数，其单位为瓦·米$^{-1}$·开$^{-1}$（$W \cdot m^{-1} \cdot K^{-1}$），与气体的性质有关。式中负号代表热量传递的方向从温度较高处传到温度较低处，与温度梯度的方向相反。式(4.9) 也被称为傅里叶定律，是热传导过程的基本规律。

下面研究热传导现象的微观机制。从气体动理论的观点看来，高温侧 B 部的分子无规则运动的平均能量大，低温侧 A 部的分子平均能量小。由于分子的无规则运动，A 部的分子带着较小的能量进入 B 部，B 部的分子带着较大的能量进入 A 部，A、B 两部分交换分子的结果，发生了能量的不等值交换。这样就使一定数量的分子无规则运动能量从B部输运到A部，宏观上就形成了热量的传递。由统计理论可导出气体的导热系数为

$$\kappa = \frac{1}{3}\frac{C_V}{\mu}\rho\bar{v}\bar{\lambda} = \frac{1}{3}c_V\rho\bar{v}\bar{\lambda} \tag{4.10}$$

式中 μ 为气体的摩尔质量，C_V 为定体摩尔热容量，c_V 为比定体热容，ρ 为气体的密度，$\bar{v}$ 为气体分子算术平均速率，$\bar{\lambda}$ 为气体分子平均自由程。由(4.10) 计算的结果和实验测试的结果是一致的。

4.2.3　扩散现象

如果容器中各部分的气体种类不同或同一种气体在容器中各部分的密度不等，经过一段时间后，容器中各部分气体的成分以及气体的密度都将趋向均匀一致，这种现象就叫做扩散现象。如打开瓶盖的香水气味会充满整个房间就是典型的扩散现象。

不同种类气体分子间的相互扩散过程情况比较复杂，往往伴随有其他现象。为了对扩散现象本身的规律进行研究，我们讨论在温度和压强均匀的情况下，仅由气体中各处密度不同而引起的单纯扩散现象，不考虑热传导或气体流动等过程。设有一容器用隔板分成两部分，各装入温度相同、压强相同且分子量也相等的两种气体（这里以 CO 和 N_2 为例，它们的分子量都是28），如图 4.2 所示。抽去隔板后，由于整个容器内 CO 和 N_2 两种气体的密度都不均匀，就各自进行着单纯的扩散。

现在只考虑气体CO的扩散过程。设CO的密度 ρ 沿 x 轴而改变，则 $d\rho/dx$ 表示气体中密度沿 x 轴方向的空间变化率，称为密度梯度。若选一垂直于 x 轴的界面微元 dS，则实验表明，在时间 dt 内，通过界面 dS 的质量净输运 dm 与该处密度的梯度 $d\rho/dx$ 成正比，也与界面微元面积 dS 成正比，即

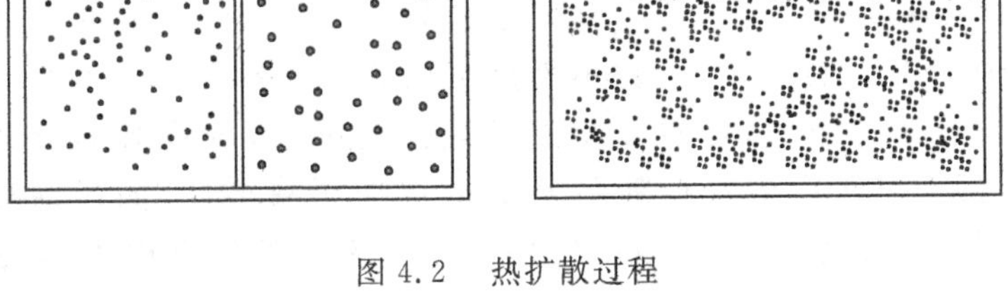

图 4.2　热扩散过程

$$dm = -D\frac{d\rho}{dx}dSdt \tag{4.11}$$

式中 D 称为扩散系数，单位为米^2 · 秒$^{-1}$（$m^2 \cdot s^{-1}$），由扩散的气体分子性质决定。负号表示质量的输运方向和梯度的方向相反，即由密度大向密度小的方向进行。式(4.11) 也被称为菲克定律。

从统计理论的观点来看，由于分子热运动，相邻两层相互交换分子。对于混合气体中某一种气体而言，由于界面两侧密度不等，密度大的一侧输出的分子数较输入的分子数多。这一过程就使得该气体必能有些分子从密度较大处输运到密度较小处，宏观上表现为质量的定向输运，产生扩散现象。由此可见，气体扩散的微观本质是密度不均时气体分子的定向输运。

由统计理论可推导出气体的扩散系数为

$$D = \frac{1}{3}\bar{v}\bar{\lambda} \tag{4.12}$$

此式显示了宏观量扩散系数与微观量的统计平均值（分子算术平均速率 $\bar{v}$ 和分子平均自由程 $\bar{\lambda}$）之间的关系，从而揭示了扩散系数的微观实质。同时根据之前的统计知识可知

$$\bar{v} = \sqrt{\frac{8RT}{\pi\mu}},\ \bar{\lambda} = \frac{kT}{\sqrt{2}\pi d^2 p}$$

可见，D 与 $T^{3/2}$ 成正比，而与 p 成反比。这说明温度愈高，压强愈低，则扩散进行得越快。由式(4.12) 计算的结果和实验测试的结果是一致的。

4.2.4 三种输运过程比较

从宏观层面看来，产生各种输运现象的起因都是由于气体内部存在某个不均匀的物理量。各种输运方向都是倾向于消除该物理量的不均匀性，直到达到均匀状态，输运过程才停止，系统也即由非平衡态达到平衡态。

从微观层面看来，三种输运过程其实都要归因为分子的无规则热运动。初始气体中不均匀的物理性质会因为分子热运动而趋于均匀一致。至于输运过程的快慢，在输运截面 dS 和不均匀量的梯度都相同的条件下，它既决定于分子无规则热运动的平均速率，又和分子间碰撞的频繁程度有关。在分子平均速率相同的情况下，碰撞越频繁，输运过程就进行得越缓慢。输运过程之所以具有一定的速率，就是分子运动和分子碰撞这两方面矛盾统一的结果。

由黏性系数 η、导热系数 κ 及扩散系数 D 的理论公式可知，由这些系数的实验测量值可以求得气体分子的平均自由程 $\bar{\lambda}$，从而估算出分子的有效直径 d。一些常见气体在标准状态下的 η、κ 和 D 的实验值见表 4.1。实验结果证明由各种方法求得的分子有效直径并不完全一致的，说明输运统计理论与事实结果有出入。

理论对于实验结果的偏离，其原因主要来自这几个方面：其一我们把气体分子间的相互作用力简化为无引力的刚球模型，不考虑无引力，且分子有效直径不变。实际上分子在极接近时有很强的斥力作用，可看作是刚球间的碰撞，同时在比较接近时还有较弱的引力作用。另外实际上分子有效直径随温度 T 的增加而减小，因而碰撞截面也随 T 是递减的。还有，我们对非平衡态过程近似地使用了在平衡态条件下得出的公式。进一步的理

论研究表明，修正分子力模型和采用更精确的统计方法可以使理论与实验结果符合得更好。

综上所述，气体动理论在解决气体输运过程这类由非平衡态向平衡态过渡的问题上是相当成功的。尽管这种初级理论的结果不够精确，但它能用简单的物理图像说明输运现象的微观本质，并且由此理论算出的三个系数 η、κ 和 D 具有与实验结果相同的数量级。可以说，气体动理论是个非常成功的理论。

表 4.1　气体在标准状态下的 η、κ 和 D 的实验值

气体名称	$\eta/\times 10^5\ \mathrm{Pa\cdot s}$	$\kappa/\times 10^2\ \mathrm{W\cdot m^{-1}\cdot K^{-1}}$	$D/\times 10^5\ \mathrm{m^2\cdot s^{-1}}$
Ne	2.97	4.60	4.52
Ar	2.10	1.63	1.57
H_2	0.84	16.8	12.8
N_2	1.66	2.37	1.78
O_2	1.89	2.42	1.81
CO_2	1.39	1.49	0.97
CH_4	1.03	3.04	2.06
Xe	2.10	0.52	0.58

第 4 章思考题

1. 什么是平均自由程？平均自由程与气体的状态以及气体本身的性质有何关系？

2. 用哪些方法可使气体分子的平均碰撞频率减小？用哪些方法可使分子的平均自由程增大？这种增大有没有一个限度？

3. 在恒定不变的压强下，气体分子的平均碰撞频率与气体的热力学温度有什么关系？

4. 容器内盛有一定量的气体，保持体积不变，使气体的温度升高，则分子的碰撞频率和平均自由程各怎样变化？

5. 在讨论扩散问题时，为什么要用分子质量相等、分子大小差不多的两种气体进行互扩散？不满足此条件可以进行扩散吗？

6. 怎样从三个迁移系数与气体分子微观量的统计平均值间的关系分别理解它们的物理意义？

7. 既然空气的导热系数与压强无关，为什么杜瓦瓶的夹层内部要抽成真空？

第 4 章练习题

1. 气缸内盛有一定量的氢气（可视为理想气体），当温度不变而压强增大一倍时，求氢气分子的平均碰撞频率和平均自由程分别变成原来的多少倍。

2. 一真空管的真空度约为 1.33×10^{-3} Pa，求在 27 ℃ 时单位体积中的分子数及分子平均自由程。（已知空气分子的有效直径 $d=3.00\times10^{-10}$ m，空气的平均摩尔质量为 28.9 $\mathrm{g\cdot mol^{-1}}$）

3. 某种气体分子在 25 ℃ 时的平均自由程为 2.63×10^{-7} m。

(1) 求气体的压强，已知分子的有效直径为 2.6×10^{-10} m；

(2) 求分子在 1.0 m 的路程上与其他分子的碰撞次数。

4. 真空管的线度为 10^{-2} m，真空度为 10^{-5} mmHg，设空气分子的有效直径为 3×10^{-10} m，求在 27 ℃ 时管内空气分子数密度，平均碰撞频率和平均自由程。

5. 容器中有质量一定的气体，问分子平均自由程和平均碰撞频率在 ① 等温过程中如何随压强 p 变化？② 等压过程中如何随温度 T 变化？③ 等体过程中如何随温度 T 变化？

6. 一定质量的理想气体，先经过等体过程使其热力学温度升高一倍，再经过等温过程使其体积膨胀为原来的两倍，求后来的平均自由程，黏性系数，导热系数和扩散系数分别为原来的多少倍？

7. 氮气在 54 ℃ 的黏性系数为 1.9×10^{-5} N·s·m^{-2}，求氮分子在温度为 54 ℃，压强为 6.66×10^4 Pa 时的平均自由程和分子有效直径。

8. 试计算在温度 300 K，压强为 1.01×105 Pa 下，单位体积内的气体分子在每秒钟内相互碰撞的总次数。已知气体的黏性系数 $\eta = 3.0 \times 10^{-5}$ N·s·m^{-2}。

9. 热水瓶胆的两壁间相距 $l = 0.4$ cm，其间充满温度 $t = 27$ ℃ 的氮气，氮分子的有效直径 $d = 3.1\times10^{-10}$ m，问瓶胆两壁间的压强降低到多大数值以下时，氮的导热系数才会比它在大气压下的数值小？

第 5 章

热力学第一定律

热力学是在观察和实验的基础上，使用严密的逻辑推理方法，研究物质热运动的宏观现象及其规律，分析系统状态变化过程中各种能量及其转换规律。热力学一般不考虑物质的微观结构和微观变化过程。

在本章中，我们首先介绍准静态过程的概念，然后引入功、内能和热量这三个重要的物理量，并讨论在热力学过程中系统的内能改变与功和热量之间的关系，从而阐明热力学第一定律。然后研究热力学第一定律在理想气体的常见准静态过程中的应用。最后通过对热机循环过程的理论研究，揭示影响热机效率的主要因素。

5.1 热力学系统的能量

热力学第一定律实际上是包括热现象在内的能量转换和守恒定律。这里先介绍热力学系统状态变化过程中能量相关概念，如功、热量和内能。

5.1.1 准静态过程

当热力学系统处在平衡态时，如果不受外界影响，系统的各个状态参量都将保持不变。但是，如果系统与外界发生了能量交换(通常是做功或传热)，平衡态就会遭到破坏而发生状态的变化。热力学系统从一个状态到另一个状态的变化过程中，其状态随时间变化，我们就说系统经历了一个热力学过程。热力学过程是由一系列的状态组成的。

如果一个热力学过程所经历的所有中间状态都无限接近平衡态，这个过程就称为准静态过程，或称平衡过程。准静态过程是一种理想过程。在实际过程中，由于状态变化必然会破坏系统的平衡态，原来的平衡态被破坏后，需要经过一段时间才能达到新的平衡态，这段时间也称为弛豫时间。

如果过程进行得相当快，新的平衡尚未建立就开始了下一步的变化，则在过程进行中，系统一直处于非平衡态，直至过程结束才达到新的平衡态，这种过程称为非静态过程。如果过程进行足够缓慢，使得过程中的每一步系统都非常接近平衡态，则这过程就可近似地看成准静态过程。准静态过程是实际过程的抽象和理想化。比如气体的自由膨胀过程就是一个非静态过程，如果人为控制这个膨胀过程缓慢进行，则膨胀过程任何瞬间气体都处于平衡态，该过程就是个准静态过程。

实际过程当然都是在有限时间内进行，不可能无限缓慢地进行。但是，只要在过程进行中系统状态发生每个可被观测出微小变化的时间都比弛豫时间长，就可以近似地把实际过程当作准静态过程来处理。这种近似在一定程度上符合实际，比如蒸汽机中汽缸内气体的变化过程。

在准静态过程中，由于系统所经历的每一个状态都可以当作平衡态，即都可以用一组状态参量来描写，所以每个过程原则上都可以用以状态参量为坐标轴的坐标平面上的一条平滑的过程曲线来表征，这就为热力学过程的研究工作提供了一个直观而方便的手段。对于一定质量的理想气体来说，因为平衡态的参量 p、V、T 中只有两个是独立的，所以给定任意两个参量的数值，就确定了一个平衡态。因此，如果以 V 为横坐标 p 为纵坐标作 p-V 图，则 p-V 图上任何一点都对应着一个平衡状态；而图中任意两点之间的任一条平滑曲线，都代表一个准静态过程，图 5.1 中的曲线就表示从 A 态到 B 态的一个准静态过程。该曲线也被称为过程曲线。对于非平衡态和非静态过程，因为系统内没有统一确定的参量，所以不能用 p-V 图上的曲线来表示。以后我们将经常遇到过程曲线，并分析计算它所代表的过程做功和热量等能量问题。

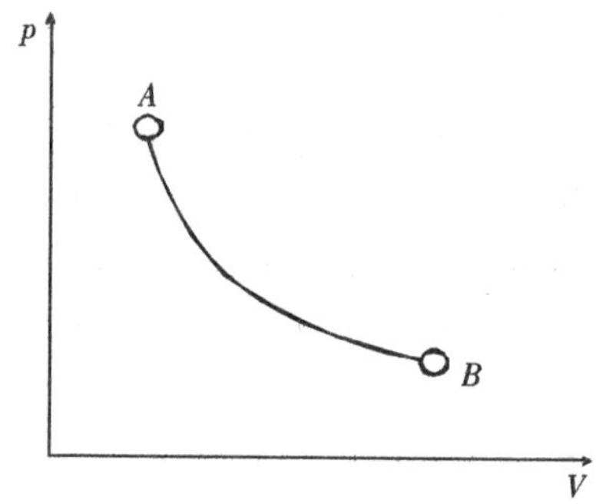

图 5.1 某准静态过程的 p-V

5.1.2 功

做功是物体与外界交换能量的过程。力学中做功会使物体的机械运动状态和机械能发生改变。实际上，功的概念非常广泛，除机械功外，还有电场功和磁场功等等，做功还可以引起热运动状态或电磁运动状态的改变。无论是哪一类型的功，做功的过程总是与能量的改变、转移和转化相联系的。功的单位为焦耳(Joule)，记作 J，$1\ \mathrm{J} = 1\ \mathrm{N \cdot m}$。

在热力学中，准静态过程的功，尤其是当系统体积变化时压力所做的功具有重要意义。我们下面来分析计算封闭在带有活塞的汽缸中的气体在准静态膨胀过程中所做的功(也被称为体积功)。

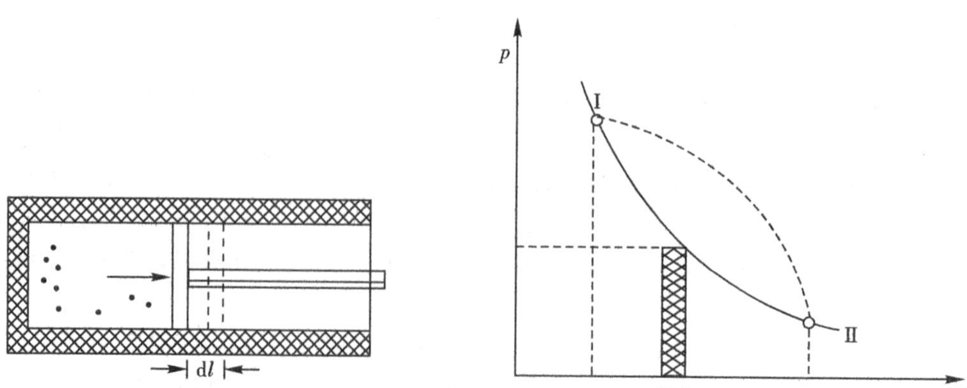

(a) 示意图 (b) p-V

图 5.2 气体膨胀过程

在图5.2(a)所示的气缸中，气体的压强为p，活塞的面积为S，当活塞发生微小位移dl时，气体对外界所作的功为

$$dA = Fdl = pSdl = pdV \tag{5.1}$$

式中气体作用在活塞上的力$F = pS$，dV是活塞移动dl时气体体积的微小增量。当气体膨胀时，$dV > 0$，则$dA > 0$，称系统对外作正功；在气体压缩时，$dV < 0$，则$dA < 0$，则称系统对外作负功。系统经历的一个无限小的状态变化过程称为元过程。式(5.1)表示系统体积发生无限小变化的元过程中所做的元功，它只与系统的压强以及体积的增量有关。

一般情况下，在体积变化的过程中，压强也是变化的。为了计算在一个气体体积膨胀的准静态过程中，气体对外界所做的总功A，就必须知道在这过程中压强随体积是如何变化的，即系统的压强与体积的函数关系。知道这一函数关系，在气体由体积V_1膨胀到体积V_2的准静态过程中，气体对外界所作的总功A就可以计算

$$A = \int dA = \int_{V_1}^{V_2} pdV \tag{5.2}$$

根据积分的几何意义，气体在任一准静态过程中所作的功都可以在$p-V$图上用该过程曲线下的面积来表示，如图5.2(b)实线所示。元功dA可以用过程曲线下dV段的小阴影面积来表示，从状态Ⅰ到状态Ⅱ气体作的总功则为过程曲线下的总面积。但要注意，膨胀过程功为正值，压缩过程功为负值。从图5.2(b)中可以看出，如果用虚线来表示气体从状态Ⅰ到状态Ⅱ经历的另一过程，则此过程气体所做功比实线过程所作的功为大。由此可以得出一个重要结论：系统由一个状态变化到另一个状态时，所作的功不仅取决于系统的始末状态，而且与系统所经历的过程有关。因此，功不是系统的状态函数。

例5.1　已知热力学系统在某一准静态过程中体积与压强之积为定值，设始态压强为p_1，始态与终态的体积分别为V_1和V_2，求该过程中系统所做的功。

解　根据题意，该过程中参量满足

$$pV = C = p_1V_1，即\ p = \frac{C}{V} = \frac{p_1V_1}{V}$$

该过程中系统所做的功为

$$A = \int_{V_1}^{V_2} pdV = \int_{V_1}^{V_2} \frac{p_1V_1}{V}dV = p_1V_1\ln\frac{V_2}{V_1}$$

5.1.3　热量与热功当量

众所周知，当系统与外界之间存在温度差时会出现热传导现象，使得系统状态发生改变。这说明热传导过程中系统与外界间存在热学相互作用，作用的结果就是能量从高温物体传递给低温物体，这样传递的能量称为热量。

实验证明，热力学系统状态的变化主要通过两种方式实现：一是外界对系统做功；二是外界向系统传递热量；或两者兼而有之。例如一杯水可以通过外界对它加热，用传递热量的方法，使它的温度升高；也可以用搅拌做功的方法使它升高到同样的温度。做功和传递热量两种方式虽然不同，但都可以导致系统相同的状态变化。功与热量的区别在于它们分别来自不同的相互作用，功由力学相互作用所引起，只有产生广义位移时才伴随功的出现；热量来源于热学相互作用，只有存在温度差时才有热量传递。热量和功是系统状态变化中伴随发生的两种不同的能

量传递形式,是不同形式能量传递的量度,它们都与状态变化的中间过程有关,因而不是系统状态的函数。

关于热量的本质,历史上存在着“热质说”与“热动说”两种截然不同的观点,并一直争论不休。“热质说”认为,热是一种可以透入一切物体之中不生不灭的无重量的流体。较热的物体含热质多,较冷的物体含热质少,冷热不同的物体相互接触时,热质从较热物体流入较冷物体中。“热动说”则认为热是运动的一种形式,没有热质多少的概念。虽然他们都能解释一些热现象,但都存在明显的局限性。在“热质说”主导的时代,热量的单位是卡(*calorie*),记作 cal,它是在标准大气压下使 1g 纯水的温度每升高 1 ℃ 所需的热量。

直到 1850 年左右,认为热量是能量传递的一种形式的观点才被人们普遍接受。这主要归功于焦耳坚持不懈几十年的热功转化实验。从 1840 年开始一直到 1879 年焦耳进行了多种多样的实验(磁电机实验、桨叶搅拌实验、水通过多孔塞实验和空气压缩与稀释实验等),精确测定了功与热相互转化的数值关系 —— 热功当量,并于 1850 年发表了实验结果,其热功当量等于 $4.157\ \mathrm{J \cdot cal^{-1}}$。这种持之以恒精益求精的实验研究精神为后人树立了榜样。

目前国际上统一使用的热功当量精确值为(1956 年规定)

$$J = 4.185\ \mathrm{J \cdot cal^{-1}}$$

利用热功当量,可以将热量传递和做功两个过程不同但效果相同的能量传递过程联系起来,统一计算各种过程中的热量和功的数值。热功当量的测定对热学的发展,特别是能量守恒定律的建立,奠定了坚实的实验基础,可以说是物理学史上的一座丰碑。

5.1.4 内能

实验证明,在系统状态发生变化时,只要始末状态相同,不论采用做功还是传热,也不论做功和传热的具体方法如何,外界与系统交换的能量都是相同的。这说明系统始末两状态的能量差有确定值,也就是说系统处在一定状态应具有一定的能量,这能量就称为系统的内能。内能由系统的状态唯一确定,并随状态变化而变化。因此,与做功和热量不同,内能是状态的单值函数。

做功和传递热量都能改变系统的内能,虽然两者效果是一样的,但在本质上它们存在明显差别。做功是通过宏观位移来实现的,做功改变内能,是有规则的运动与无规则运动两种不同运动形式能量的转化;而传递热量则是通过分子间的碰撞来实现的,传递热量改变内能是无规则运动能量由一个系统传给另一个系统,是同种运动形式能量的传递。

由 3.1.3 节知识可知,从微观统计层面看来,系统的内能是系统中所有分子热运动的能量和分子间相互作用的势能的总和。对于一定质量的气体,在平衡态下,只要确定其状态参量 p、V、T(其中两个是独立的),它的内能就确定了,即

$$U = U(T, V)$$

对于理想气体,由气体动理论推知,内能只是温度的单值函数,与气体的压强和体积无关。根据式(3.4),质量为 M,摩尔质量为 μ 的理想气体内能是

$$U = \frac{M}{\mu}\frac{i}{2}RT = \nu\frac{i}{2}RT \tag{5.3}$$

式中 i 为理想气体分子的自由度数,ν 为理想气体的摩尔数。

5.2　热力学第一定律

热力学第一定律是关于热力学系统在能量转换过程中存在的最基本规律，本节首先介绍热力学第一定律，然后利用上一节热力学过程能量的计算公式，分析几种典型的热力学过程的能量转化规律，得出相应结论。

5.2.1　热力学第一定律内容

一般情况下，当系统状态发生变化时，做功和传递热量往往是同时存在的。如果系统经历一个热力学过程，从外界吸收热量为 Q，对外界做功为 A，同时系统内能从初态时的 U_1 变化到末态时的 U_2。众多科学家进行的大量热学实验证明，内能增量 $\Delta U = U_2 - U_1$ 与 Q 和 A 有下列关系

$$\Delta U = Q + (-A) = Q - A \tag{5.4}$$

上式就是热力学第一定律的数学表达式。它表明当热力学系统由某一状态经过任意过程到达另一状态时，系统内能的增量等于在这过程中系统所吸收的热量和外界对系统所做的功的总和。换句话说，系统从外界吸收的热量，一部分使系统的内能增加，另一部分用于系统对外做功，总能量守恒。

热力学第一定律阐明了内能、热量和功三者之间的关系，适用于自然界里两平衡态之间发生的任何过程。在应用式(5.4) 时，只要求过程的初态和末态是平衡态，至于变化过程中所经历的各个状态，并不要求是平衡态。这是因为内能 U 是状态函数，内能的增量 ΔU 只由初态和末态的状态变化唯一确定。因此，不管经历怎样的过程，只要初态和末态的状态不变，那么在这些过程中的 ΔU 就相同，$Q+(-A)$之和必定也相同。当然，A 和 Q 的值都会随过程的不同而有所不同。

在运用式(5.4) 时，必须注意 ΔU、Q 和 A 的符号规定：系统内能增加时，ΔU 为正，系统内能减少时，ΔU 为负；系统从外界吸热时，Q 为正，向外界放热时，Q 为负；系统对外做功时，A 为正，外界对系统做功时，A 为负。热量、内能和功的单位均为焦耳(J)。

对于系统状态的微小变化过程，热力学第一定律可表示为

$$\mathrm{d}U = \mathrm{d}Q - \mathrm{d}A \tag{5.5}$$

这里特别需要指出的是上式三个微分符号严格来讲是有差别的。由于内能 U 是状态的单值函数，所以上式中的 $\mathrm{d}U$ 代表内能函数在状态微小变化时的微小增量(即内能函数的微分)。但是，热量和功都与过程有关而不是状态的函数，所以上式中的 $\mathrm{d}Q$ 和 $\mathrm{d}A$ 都不是某一函数的微分，而只是代表在无限小过程中的一个无限小量。

热力学第一定律是在 19 世纪 50 年代焦耳确定了热功当量以后才建立起来的。在这以前，有人想设计一种无需提供任何能量而能不断对外做功的机器，这种机器称为第一类永动机。虽经多次尝次，终还是失败，这是因为它违背了热力学第一定律。要让系统对外做功，就必须向它提供热量或消耗系统的内能。因此，热力学第一定律也可表述为：第一类永动机是不可能制成的。热力学第一定律是能量守恒定律在热物理现象中的体现。

5.2.2　热力学第一定律的应用

热力学第一定律在现实中有很大的应用价值。例如热动力设备(如内燃机) 一般都是通过

气体进行一系列热力学过程来实现热功转化的，为了更好理解这些设备的工作原理，进而提高其工作效率，可以利用热力学第一定律分析其中的热力学过程。接下来我们就应用热力学第一定律来分析理想气体在几种典型准静态过程中的状态变化和能量转化。

1. 等体过程

热力学系统的体积始终保持不变的过程称为等体过程。如图 5.3 所示，有一个体积固定的气缸装满了理想气体，然后把气缸连续地与一系列有微小温度差的恒温热源相接触，使得气体的温度逐渐缓慢上升。整个过程气体的体积始终保持不变，这就是气体的等体过程。

所谓恒温热源是指一个热容足够大的热力学系统，当所研究的热力学系统与它热接触而交换有限的热量时，其温度变化极小，可以忽略不计。

等体过程其特征是 $V=$ 恒量，其状态方程为

$$\frac{p}{T}=\frac{MR}{\mu V}=\text{恒量} \tag{5.6}$$

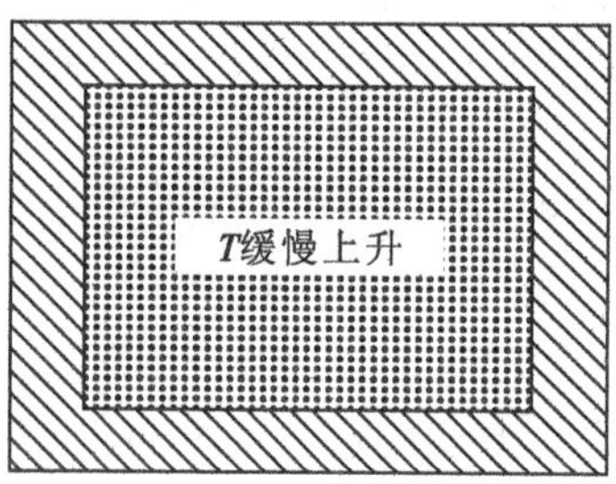

图 5.3　等体过程示意图

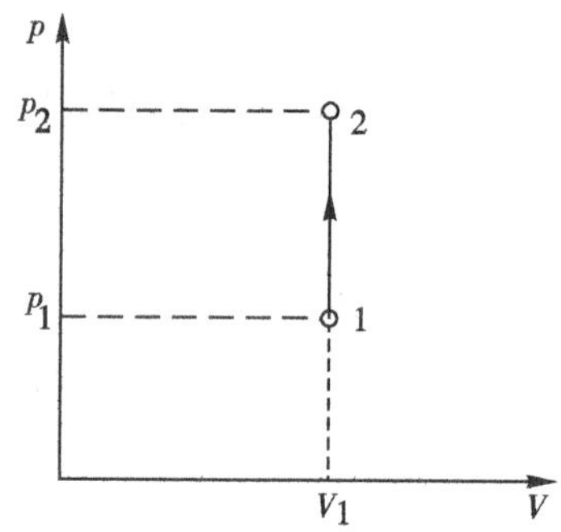

图 5.4　等体过程曲线

等体过程在 p-V 图上是一条与 p 平行的线段，称为等体线，如图 5.4 中所示。图中实线表示了一个从初态 1 经温度逐渐上升达到末态 2 的等体过程，从图 5.4 中明显可以看出气体压强 p 逐渐增加。

在等体过程中，因为体积始终不变，则

$$A=\int_{V_1}^{V_1} p\mathrm{d}V=0$$

即系统对外不做功，如图 5.4 所示，过程曲线下面的面积为零。那么根据热力学第一定律，故理想气体吸收的热量为

$$Q_V=\Delta U+A=\Delta U=\frac{M}{\mu}\frac{i}{2}R\Delta T \tag{5.7}$$

Q_V 表示等体过程中吸收的热量。由上式可见，温度升高时，理想气体在等体过程中外界传给气体的热量，全部用来增加气体的内能，而没有对外做功。反之若温度降低，则理想气体内能的减小，内能减少值等于它向外界传递的热量。

2. 等压过程

热力学系统的压强始终保持不变的过程称为等压过程。如图 5.5 所示，一充有理想气体的气缸，带有活塞，将温度相差微小而依次升高的一系列恒温热源同气缸相接触，对气缸内的气

体准静态地传热，同时缓慢地移动活塞，以保持气体压强始终不变，这就是一个等压过程。其特征是 $p=$ 恒量，其状态方程为

等压过程在 p-V 图上是一条与 V 轴平行的线段，这条线也被称为等压线，如图 5.6 所示。图中实线表示压强一定的情况下系统在缓慢升温时体积从 V_1 逐渐膨胀到 V_2 的一个准静态过程。

$$\frac{V}{T}=\frac{MR}{\mu p}=\text{恒量} \tag{5.8}$$

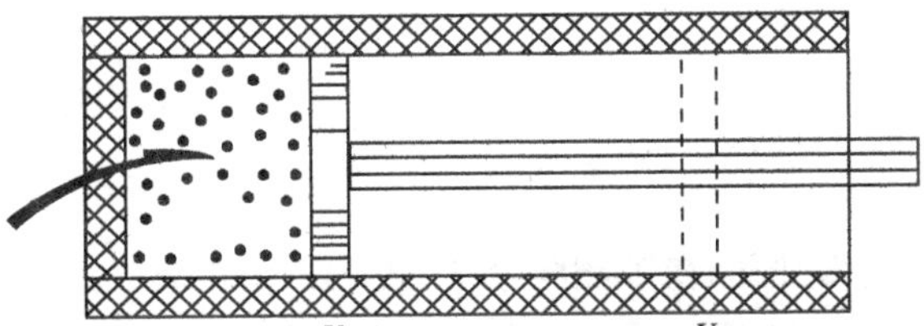

图 5.5　等压过程的示意图

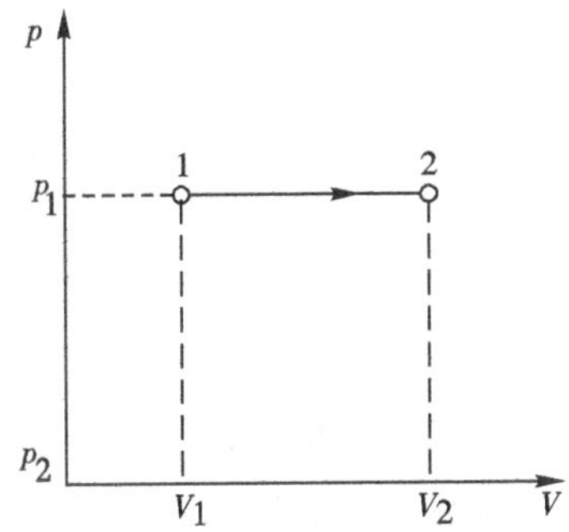

图 5.6　等压过程曲线

在等压过程中，$p=$ 恒量，系统对外界做功为

$$A=\int_{V_1}^{V_2} p\mathrm{d}V=p(V_2-V_1)=\frac{M}{\mu}R(T_2-T_1)=\frac{M}{\mu}R\Delta T \tag{5.9}$$

图 5.6 等压线下面矩形的面积表示总功 A 的大小。根据热学第一定律，系统吸收的热量为

$$Q_p=\Delta U+A=\frac{M}{\mu}\frac{i}{2}R\Delta T+\frac{M}{\mu}R\Delta T=\frac{M}{\mu}\frac{i+2}{2}R\Delta T \tag{5.10}$$

Q_p 表示等压过程中系统吸收的热量。由式(5.10)可知，在理想气体的等压膨胀中，外界传给气体的热量，一部分用来增加气体的内能，一部分用来对外做功。比较(5.7)和式(5.10)可得，初末态的温差相同时，等压膨胀过程所吸收的热量 Q_p 比等体膨胀过程所吸收的热量 Q_V 大。

例 5.2　压强为 1 atm，体积为 0.0082 $\mathrm{m^3}$ 的氮气，从初始温度 300 K 加热到 400 K，经过下面两个过程分别需吸收多少热量？(1) 体积不变；(2) 压强不变。再比较哪个过程吸热多？为什么出现这种情况？试在同一 p-V 图中画出上述两过程的过程曲线。

解　在 p-V 图上画出(1)、(2)两过程曲线如图 5.7 所示。

氮气为双原子气体，自由度 $i=5$，已知 $p_1=1\ \mathrm{atm}=1.013\times10^5\ \mathrm{Pa}$，$V_1=0.0082\ \mathrm{m^3}$，$T_1=300\ \mathrm{K}$，$T_2=400\ \mathrm{K}$。根据理想气体状态方程可得气体摩尔数

$$p_1V_1=\frac{M}{\mu}RT_1 \Rightarrow \frac{M}{\mu}=\frac{p_1V_1}{T_1R}$$

(1) 体积不变

$$Q_V=\frac{M}{\mu}\frac{i}{2}R(T_2-T_1)=\frac{i}{2}\frac{p_1V_1}{T_1}(T_2-T_1)$$
$$=\frac{5}{2}\times\frac{1.013\times10^5\times0.0082}{300}\times(400-300)=692\ \mathrm{J}$$

(2) 压强不变

$$Q_p = \frac{M}{\mu}\frac{i+2}{2}R(T_2 - T_1) = \frac{i+2}{2}\frac{p_1V_1}{T_1}(T_2 - T_1)$$
$$= 969\ \text{J}$$

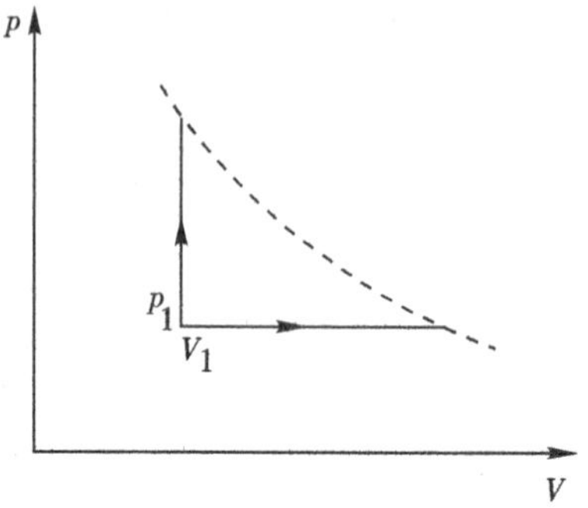

图 5.7　(1),(2) 过程两曲线

可看出来,等压过程比等体过程系统吸热更多。原因在于:由热力学第一定律知 $Q = \Delta U + A$;上述两过程温度差相同,则内能增加 ΔE 相同;等体过程不做功而等压过程要对外做功,因此等压过程吸热更多。

3. 等温过程

如果热力学系统的温度在整个过程中始终保持不变,则该过程称为等温过程。一气缸内装有理想气体,如图 5.8 所示,气缸的底部能导热并与一恒温热源相接触,其他部位的器壁是绝热的。当活塞上的外界压强缓慢降低时,缸内气体缓慢地膨胀,并对外做功。气体内能就应随之缓慢减少,气体的温度也将随之微微降低,从而低于恒温热源。保持恒温热源温度始终不变,则恒温热源就有微量的热量传给气体,使气体的温度维持原值不变。这一过程就是一个所谓的等温过程。

等温过程的特征是 $T =$ 恒量,其过程状态方程为

$$pV = \frac{M}{\mu}RT = \text{恒量} \tag{5.11}$$

等温过程在 p-V 图上对应一条双曲线,称为等温线,如图 5.9 所示。图中实线表示了一个从状态 1 变成状态 2 的等温膨胀过程,体积由 V_1 变成 V_2,压强相应的由 p_1 变成 p_2。

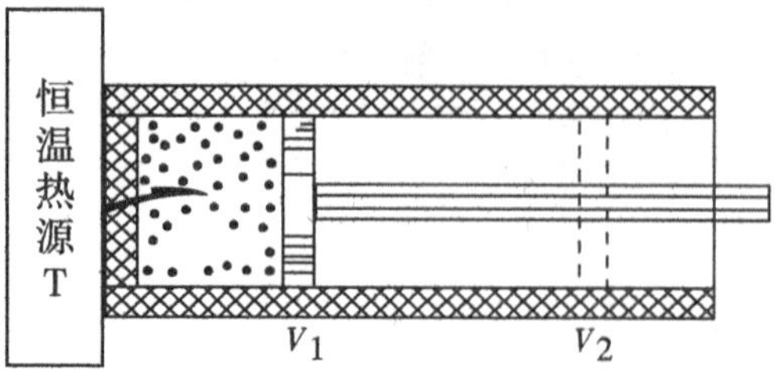

图 5.8　等温过程的示意图

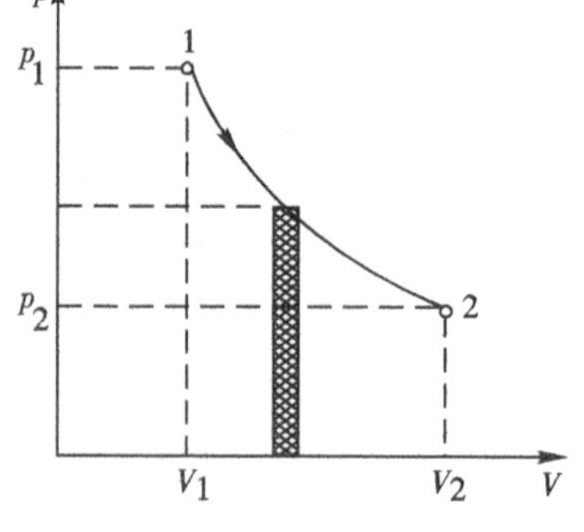

图 5.9　等温过程曲线

下面来计算等温过程中系统吸收的热量，设理想气体由状态 1(p_1,V_1) 变化到状态 2(p_2,V_2)。因为等温过程中温度不变，而理想气体的内能只与其温度有关，所以等温过程中内能也不变，即 $\Delta U = 0$。由热力学第一定律，等温过程中系统吸收的热量

$$Q_T = \Delta U + A = A = \int_{V_1}^{V_2} p\mathrm{d}V$$

再将式(5.11) 代入上式，则

$$Q_T = A = \int_{V_1}^{V_2} p\mathrm{d}V = \int_{V_1}^{V_2} \frac{M}{\mu}RT\,\frac{\mathrm{d}V}{V} = \frac{M}{\mu}RT\ln\frac{V_2}{V_1} \tag{5.12}$$

Q_T 下标 T 表示吸收热量时温度不变。图 5.9 中等温线下面的面积表示功 A 的大小，也即吸收热量 Q_T 的大小。由式(5.12) 可知，等温膨胀过程中理想气体系统从外界所吸收的热量全部转换为对外所作的功；而等温压缩过程中，外界对理想气体系统所作的功，则全部转换为传给恒温系统的热量。

在等温过程中，由于 $p_1V_1 = p_2V_2$，所以式(5.12) 也可用压强表为

$$Q_T = A = \frac{M}{\mu}RT\ln\frac{p_1}{p_2} \tag{5.13}$$

例 5.3　把质量为 1 kg 的氮气等温压缩到原体积的一半，问此过程放出多少热量?设盛氮的容器浸没于冰水池中，使温度保持 0 ℃。

解　在通常温度和压强下，氮气可看成理想气体，理想气体等温过程中

$$\Delta U = 0$$

故据热力学第一定律得

$$Q = \Delta U + A = A$$

根据式(5.12)，代人已知量可得，此过程系统吸收的热量为

$$Q = A = \frac{M}{\mu}RT\ln\frac{V_2}{V_1} = \frac{1}{28\times10^{-3}}\times 8.31\times 273\times\ln\frac{1}{2} = -5.6\times10^4\,\mathrm{J}$$

负号表示系统向外界放热。

5.2.3　热容与比热比

众所周知，在热传导过程中，物体升高或降低单位温度所吸收或放出的热量称为物体的热容。以 ΔQ 表示物体在升高 ΔT 温度的某过程中吸收的热量，则物体在该过程中的热容 C 定义为

$$C = \lim_{\Delta T\to 0}\frac{\Delta Q}{\Delta T} = \frac{\mathrm{d}Q}{\mathrm{d}T} \tag{5.14}$$

每摩尔物体的热容称为摩尔热容 C_m 为

$$C_m = \frac{C}{\nu} \tag{5.15}$$

单位质量物体的热容称为比热容 c 为

$$c = \frac{C}{m} \tag{5.16}$$

式中 ν 为物体的摩尔数，m 为物体的质量。

物体温度升高时所吸收的热量不仅与温度差及物体的性质有关，也与具体过程有关。例如在等体过程中气体与外界没有做功，所吸收热量全部用于增加物体的内能；在等压过程中吸收

热量除用来增加内能以外,还需使气体膨胀对外做功,所以定压热容通常比定体热容大。一般常以 C_V、C_p、$C_{V,m}$、$C_{p,m}$、c_V 和 c_p 分别表示物体的定体热容、定压热容、摩尔定体热容、摩尔定压热容、比定容热容和比定压热容。现在来计算同种理想气体在最常用的是等体过程和等压过程中的热容值。

定体摩尔热容 如果摩尔数为 ν 的理想气体在等体过程中吸收热量 $\mathrm{d}Q$,温度升高了 $\mathrm{d}T$,则气体的定体摩尔热容为

$$C_{V,m} = \frac{C_V}{\nu} = \frac{1}{\nu}\left(\frac{\mathrm{d}Q}{\mathrm{d}T}\right)_V \tag{5.17}$$

由热力学第一定律可知,等体过程中 $(\mathrm{d}Q)_V = \mathrm{d}U$,则

$$C_{V,m} = \frac{1}{\nu}\left(\frac{\mathrm{d}Q}{\mathrm{d}T}\right)_V = \frac{1}{\nu}\frac{\mathrm{d}U}{\mathrm{d}T} \tag{5.18}$$

由式(3.3)可知,理想气体的内能为

$$U = \frac{M}{\mu}\frac{i}{2}RT = \nu\frac{i}{2}RT \tag{5.19}$$

代入式(5.18)可得

$$C_{V,m} = \frac{1}{\nu}\frac{\mathrm{d}U}{\mathrm{d}T} = \frac{i}{2}R \tag{5.20}$$

式中 i 为分子的自由度数,R 为气体普适常数。(5.20)式表明,理想气体的定体摩尔热容是一个常量。理想气体的内能微分可表示为

$$\mathrm{d}U = \nu C_{V,m}\mathrm{d}T \tag{5.21}$$

则热力学第一定律微分形式可表示为

$$\mathrm{d}Q = \mathrm{d}U + \mathrm{d}A = \nu C_{V,m}\mathrm{d}T + p\mathrm{d}V \tag{5.22}$$

定压摩尔热容 如果摩尔数为 ν 的理想气体在等压过程中吸收的热量 $\mathrm{d}Q$,温度升高了 $\mathrm{d}T$,则气体定压摩尔热容为

$$C_{p,m} = \frac{C_p}{\nu} = \frac{1}{\nu}\left(\frac{\mathrm{d}Q}{\mathrm{d}T}\right)_p \tag{5.23}$$

由热力学第一定律可得,等压过程中能量转换关系为

$$(\mathrm{d}Q)_p = \mathrm{d}U + \mathrm{d}A = \mathrm{d}U + p\mathrm{d}V = \mathrm{d}U + \nu R\mathrm{d}T \tag{5.24}$$

代入式(5.23),并考虑式(5.19),可得

$$C_{p,m} = \frac{1}{\nu}\frac{\mathrm{d}U}{\mathrm{d}T} + R = C_{V,m} + R = \frac{i+2}{2}R \tag{5.25}$$

此式称为迈耶公式。它表明理想气体的定压摩尔热容量 $C_{p,m}$ 比定体摩尔热容量 $C_{V,m}$ 大一常量 R。也就是说,每摩尔理想气体温度升高1K时,在等压过程中吸收的热量要比等体过程中吸收的热量多一个 R 值,多吸收的热量用于气体膨胀对外做功。

比热比:定义 $C_{p,m}$ 与 $C_{V,m}$(或 C_p 与 C_V)的比值为比热比,常用 γ 表示

$$\gamma = \frac{C_{p,m}}{C_{V,m}} = \frac{C_p}{C_V} = \frac{i+2}{i} \tag{5.26}$$

γ 又称为泊松系数。因 $C_{p,m} = C_{v,m} + R > C_{v,m}$,则 $\gamma > 1$。对单原子分子理想气体 $i = 3$,$\gamma = 5/3 = 1.67$;对双原子分子理想气体 $i = 5$,$\gamma = 7/5 = 1.40$;对多原子分子理想气体 $i = 6$,$\gamma = 8/6 = 1.33$。因为空气的主要成分 O_2 和 N_2 都是双原子分子气体,所以通常可把空气的比热比近似地取为 $\gamma = 1.40$。该物理量在后面分析绝热过程将非常有用。

5.2.4　焓

在热力学系统变化的各种过程中，经常出现等压过程。为了便于计算等压过程中传递的热量，这里引进一个新的热力学函数——焓。

在等压过程中，系统对外界所做的功为

$$A = p(V_2 - V_1)$$

由热力学第一定律，在等压过程中，系统从外界吸收的热量为

$$\begin{aligned} Q_p &= \Delta U + A = (U_2 - U_1) + (pV_2 - pV_1) \\ &= (U_2 + pV_2) - (U_1 + pV_1) \end{aligned} \tag{5.27}$$

因为 U 和 p、V 都是状态函数，所以上式中的 $(U + pV)$ 也是状态函数。显然，(5.27) 式右端即为此函数的增量 $\Delta(U + pV)$。因此我们引进一个新的态函数 H

$$H = U + pV \tag{5.28}$$

态函数 H 称为系统的焓，它等于系统的内能加上压强与体积的乘积。根据式(5.27) 可知，系统在等压过程中吸收的热量，只由系统在初态和终态的焓值之差决定，即

$$Q_p = \Delta H = H_2 - H_1 \tag{5.29}$$

在一个热力学系统等压元过程中，有

$$(\mathrm{d}Q)_p = \mathrm{d}H \tag{5.30}$$

此式表明，在等压过程中的任意一段极短时间内，系统所吸收的热量等于系统态函数焓的增量，这是焓的最重要的特性。

根据定压热容的定义及式(5.30)，可以得到

$$C_p = \left(\frac{\mathrm{d}Q}{\mathrm{d}T}\right)_p = \frac{\partial H}{\partial T} \tag{5.31}$$

这就把定压热容与态函数焓联系起来，如果选取 T、p 为独立变量，定压热容 C_{p} 就可以用焓 H 对温度 T 的偏导数来表示。

在化学热力学中，许多反应过程是在大气压或一定压强条件下进行的，这时就可以利用焓来计算传递的热量。另外，在相变和低温致冷上态函数焓也是很有用的。

值得一提的是，由于系统的内能U包含着一个任意的相加常数，所以焓也包含了一个任意的相加常数，必须在选定某一参考状态的值后，才能确定其他状态的焓值。在实际应用中，重要的只是焓的变化。

5.3　绝热过程

5.3.1　绝热过程

绝热过程就是系统在整个过程中始终不和外界交换热量的热力学过程，其特征是 $Q = 0$，其元过程中 $\mathrm{d}Q = 0$。

绝热过程可在用良好的绝热材料所隔绝的系统内进行。现实中，如果过程进行比较快，系统来不及与外界有显著热量交换的过程，可近似地看成绝热过程。例如气体在杜瓦瓶(保温瓶)

内进行的过程;蒸汽机、内燃机气缸内的气体急速压缩和膨胀过程;声波引起空气的压缩、膨胀过程等都可近似地看作绝热过程。绝热过程通常不是准静态过程。如果气缸是完全绝热的,气体膨胀或压缩过程进行无限缓慢,则此过程就是绝热的准静态过程。现实中的绝热准静态过程,一般需满足两个条件:首先过程进行的速度远大于热传导速度,以保证绝热;其次过程进行的速度远小于系统弛豫速度,以保证过程的准静态。

在绝热过程中,气体的三个状态参量 p、V、T 都在变化。我们利用热力学第一定律和理想气体状态方程导出理想气体绝热准静态过程方程。对理想气体状态方程

$$pV = \frac{M}{\mu}RT$$

上式等号两边同时取微分,则可得

$$p\mathrm{d}V + V\mathrm{d}p = \frac{M}{\mu}R\,\mathrm{d}T$$

将 $R = C_{p,m} - C_{V,m}$ 代入上式

$$p\mathrm{d}V + V\mathrm{d}p = \frac{M}{\mu}(C_{p,m} - C_{v,m})\,\mathrm{d}T$$

由热力学第一定律,绝热过程的功为

$$\mathrm{d}A = p\mathrm{d}V = -\mathrm{d}U = -\frac{M}{\mu}C_{V,m}\,\mathrm{d}T$$

由上面两式,并考虑 $C_{p,m} = \gamma C_{V,m}$ 有

$$\frac{\mathrm{d}p}{p} + \gamma\frac{\mathrm{d}V}{V} = 0$$

分离变量,积分可得

$$\ln p + \gamma \ln V = \text{常量}$$

化简可得

$$\ln(pV^{\gamma}) = \text{常量}$$

也即

$$pV^{\gamma} = \text{常量} \tag{5.32}$$

考虑理想气体状态方程 $\frac{pV}{T} = $ 常量,上式还可表达成

$$V^{\gamma-1}T = \text{常量} \tag{5.33}$$

$$p^{\gamma-1}T^{-\gamma} = \text{常量} \tag{5.34}$$

以上三式均称为理想气体的绝热过程方程。在运用时可按问题的需要,选择其中比较方便的一个。

在绝热过程中,因 $Q = 0$,根据热力学第一定律,理想气体在准静态绝热过程中所作的功为

$$A = -\Delta U = -\frac{M}{\mu}C_{V,m}\Delta T \tag{5.35}$$

由此可见,在绝热过程中,系统内能的改变完全是外界对它做功的结果:系统对外作正功时,内能减少;外界对系统作正功时,系统的内能增加,都满足总能量守恒。

设气体经绝热过程由状态 1 变化到状态 2，它对外作的功为

$$A = -\frac{M}{\mu}C_{V,m}\Delta T = \frac{M}{\mu}C_{V,m}(T_1 - T_2) \tag{5.36}$$

由上式可以看出，气体作绝热膨胀时 $A > 0$，内能减少，$T_1 > T_2$；气体作绝热压缩时 $A < 0$，内能增加，$T_1 < T_2$。说明，气体在绝热压缩时温度升高，绝热膨胀时温度降低，这种现象常在实际生活中出现。例如，用打气筒向轮胎打气时气筒会发热；内燃机气缸中气体急速压缩时气体温度会急剧升高，可使其中的可燃气体燃烧；压缩机空气从喷嘴中急速喷出时，气体作绝热膨胀，使得气体变冷，甚至液化。

理想气体绝热过程做功的表达式也可以用状态参量 p、V 来表示。由理想气体状态方程有

$$\frac{M}{\mu}T_1 = \frac{p_1V_1}{R}$$

$$\frac{M}{\mu}T_2 = \frac{p_2V_2}{R}$$

将上面两式代入(5.36)式中，可得

$$A = \frac{C_{V,m}}{R}(p_1V_1 - p_2V_2) \tag{5.37}$$

利用 $R = C_{p,m} - C_{V,m}$ 和 $C_{p,m} = \gamma C_{V,m}$，上式也可表达成

$$A = \frac{p_1V_1 - p_2V_2}{\gamma - 1} \tag{5.38}$$

上式也可以用体积功的计算积分式

$$A = \int_{V_1}^{V_2} p\mathrm{d}V$$

和绝热过程方程

$$p_1V_1{}^{\gamma} = p_2V_2{}^{\gamma}$$

直接推导出来，请读者自己计算。

与前述三个保持 p、V、T 某一个状态参量不变的过程比较起来，绝热过程中这三个参量都是变化的，它的根本特征和条件是过程中系统与外界之间没有热量交换。不过绝热过程与前述三个过程一样，在变化过程中的每一个状态仍都满足理想气体的物态方程。

另外，在推导式(5.32)的过程中，已假设了过程是准静态的，否则元功不能写作 $p\mathrm{d}V$，也不能运用物态方程并对 p、V 等求微分。因此，所得绝热过程方程只能适用于准静态的绝热过程，而不适用于非准静态绝热过程。

5.3.2　绝热线与等温线的比较

在 p-V 图中，绝热过程方程 $pV^{\gamma} =$ 常量，对应的曲线称为绝热线，如图 5.10 实线(1)所示。图中明显可以看出，绝热膨胀过程随着体积的增大，压强逐渐减小。这个规律类似于等温过程，但对于同一理想气体，其等温线和绝热线有明显不同。图 5.10 中还画出了同一气体的等温线，用虚线(2)表示。等温线和绝热线会相交于一点。两者比较起来，绝热线比等温线更陡。下面来证明这个规律：

绝热过程方程 $pV^{\gamma} =$ 常量，对方程两边同时微分，可得

$$\gamma p V^{\gamma-1} \mathrm{d}V + V^{\gamma} \mathrm{d}p = 0$$

变形可得

$$\left(\frac{\mathrm{d}p}{\mathrm{d}V}\right)_Q = -\gamma \frac{p}{V}$$

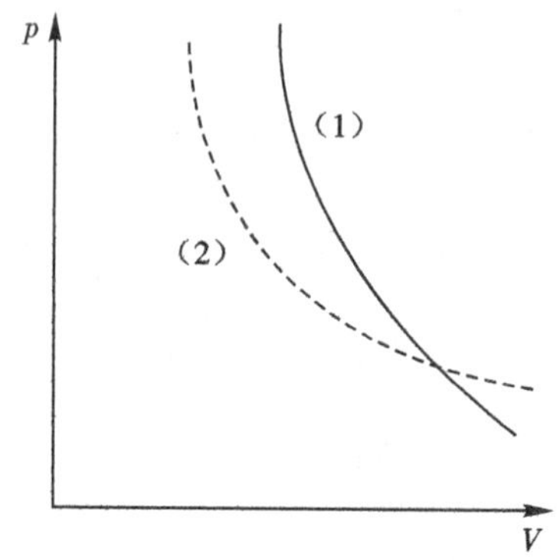

图 5.10 绝热线(1) 和等温线(2)

其中下标 Q 表示绝热过程(Q 不变)。

等温过程方程 pV = 常量,对方程两边同时微分,可得

$$p\mathrm{d}V + V\mathrm{d}p = 0$$

即

$$\left(\frac{\mathrm{d}p}{\mathrm{d}V}\right)_T = -\frac{p}{V}$$

其中下标 T 表示等温过程(T 不变)。

又因

$$\gamma = \frac{C_{p,m}}{C_{V,m}} > 1$$

故比较二者的斜率,可得

$$\left|\left(\frac{\mathrm{d}p}{\mathrm{d}V}\right)_Q\right| = \gamma \frac{p}{V} > \left|\left(\frac{\mathrm{d}p}{\mathrm{d}V}\right)_T\right| = \frac{p}{V}$$

由此可知,在 p-V 图上,同一气体的绝热线比等温线更陡。

还可以从另外一个角度来解释绝热线与等温线的这一关系。由理想气体状态方程 $p = nkT$,可知等温膨胀过程中,随着体积的增大,n 减小,使得 p 减小,但整个过程中温度 T 不变。而绝热膨胀过程中,一方面随着体积的增大,n 减少,p 也相应减小;另一方面又因对外做功使得内能减小,也即温度 T 也减小。因此综合比较两过程,绝热膨胀过程比等温膨胀过程压强 p 降低更多,这样就导致 p-V 图上绝热线比等温线更陡。

例 5.4 有温度为 300 K,质量为 8×10^{-3} kg 的氧气,由体积 0.41×10^{-3} m^3 膨胀到 4.1×10^{-3} m^3。如果是(1) 等温膨胀;(2) 绝热膨胀,问气体做功各为多少?哪一过程做功多?为什么?试在同一 p-V 图上画出上述两过程的过程曲线。

解 已知氧气为双原子分子,自由度 $i = 5$,$\gamma = \dfrac{i+2}{i} = 1.4$,其摩尔质量为 $\mu = 32 \times$

10^{-3} kg・mol^{-1}，由题意可得已知条件有 $M = 8\times10^{-3}$ kg，$T_1 = 300$ K，$V_1 = 0.41\times10^{-3}$ m^3，$V_2 = 4.1\times10^{-3}$ m^3。

(1) 等温膨胀过程，气体对外做功

$$A_T = \frac{M}{\mu}RT_1\ln\frac{V_2}{V_1} = \frac{8\times10^{-3}}{32\times10^{-3}}\times8.31\times300\times\ln\frac{4.1\times10^{-3}}{0.41\times10^{-3}} = 1440\ \text{J}$$

(2) 绝热膨胀过程，设末态温度为 T'，有

$$V_1^{\ \gamma-1}T_1 = V_2^{\ \gamma-1}T'$$

$$T' = \left(\frac{V_1}{V_2}\right)^{\gamma-1}T_1 = \left(\frac{0.41}{4.1}\right)^{1.4-1}\times300 = 119\ \text{K}$$

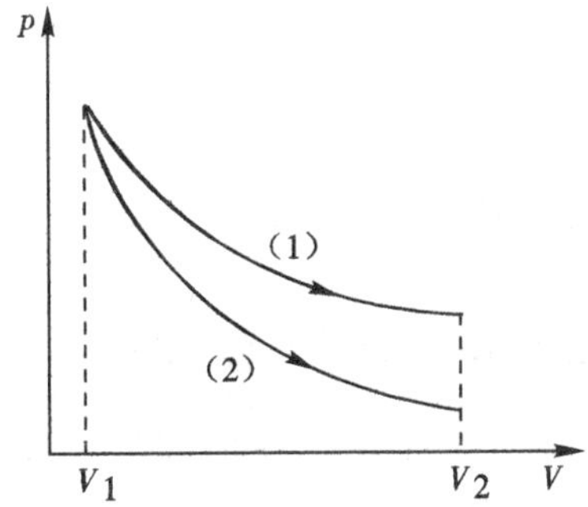

图 5.11　例 5.4 绝热线(1) 和等温线(2)

则气体对外做功

$$A_Q = -\Delta U = -\frac{M}{\mu}\frac{i}{2}R(T'-T_1)$$

$$= -\frac{8\times10^{-3}}{32\times10^{-3}}\times\frac{5}{2}\times8.31\times(119-300) = 940\ \text{J}$$

很明显，等温过程对外做功比绝热过程对外做功多。这是因为等温过程吸热对外做功，而绝热过程是减少内能对外做功，需要吸收的热量较少。图 5.11 是这两个过程在 p-V 图中的曲线，从图中可明显看出，等温过程曲线下的面积更大，这表示等温过程对外做功更多。

例 5.5　质量为 3.2×10^{-3} kg 的氧气初始的压强为 1 atm，体积为 1×10^{-3} m^3。首先将该气体等压加热，直到体积增大一倍，然后再等体加热，使压强增大一倍，最后作绝热膨胀，使其温度降到初态时的温度为止，求整个过程中

(1) 氧气内能的增量；

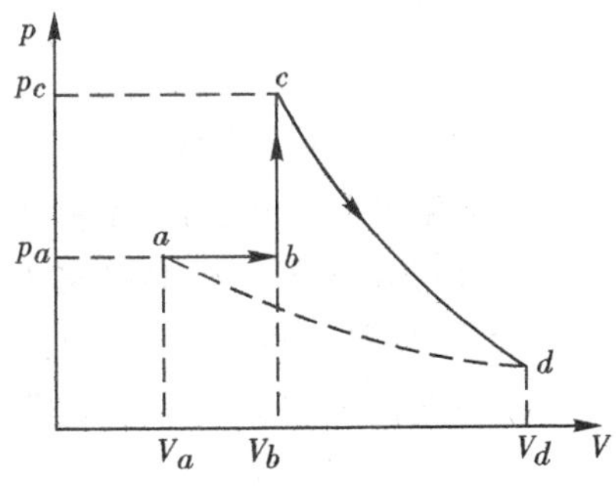

图 5.12　例 5.5 的过程曲线

(2) 氧气对外作的功；

(3) 氧气吸收的热量。

解　根据题意，在 p-V 图上画出整个过程曲线，如图 5.12 所示，等压过程 ab，等体过程 bc，绝热过程 cd，另外虚线 ad 是等温线。

(1) 整个过程，始末温度相同，$\Delta T=0$，所以氧气内能的增量是

$$\Delta U=\frac{M}{\mu}C_{V,m}\Delta T=0$$

(2) 由热力学第一定律和 $\Delta U=0$ 可得，

$$Q=\Delta U+A=A$$

系统吸收的总热量等于三个过程中吸收热量的和，即

$$A=Q=Q_{ab}+Q_{bc}+Q_{cd}$$

其中 cd 是绝热过程，则 $Q_{cd}=0$，上式可表达为

$$\begin{aligned}A=Q=Q_{ab}+Q_{bc}&=\frac{M}{\mu}C_{p,m}(T_b-T_a)+\frac{M}{\mu}C_{V,m}(T_c-T_b)\\&=\frac{M}{\mu}\frac{i}{2}RT_c-\frac{M}{\mu}\frac{i+2}{2}RT_a+\frac{M}{\mu}RT_b\\&=\frac{i}{2}p_cV_c-\frac{i+2}{2}p_aV_a+p_bV_b\\&=\frac{4i}{2}p_aV_a-\frac{i+2}{2}p_aV_a+2p_aV_a\\&=\left(\frac{3i}{2}+1\right)p_aV_a\\&=(\frac{3\times5}{2}+1)\times1.013\times10^5\times(1\times10^{-3})\\&=860\ \text{J}\end{aligned}$$

其中用到了已知条件 $p_b=p_a, p_c=2p_a, V_b=V_c=2V_a$。因此在该过程中，氧气对外做功为 860 J，吸收热量为 860 J。

5.3.3 多方过程

多方过程是理想气体状态变化时的一种准静态过程，该过程中理想气体的摩尔热容保持不变($C_{V,m}$ 为常数)，则其过程方程为

$$pV^n=\text{常量} \tag{5.39}$$

其中 n 称为多方指数，由 $C_{V,m}$ 决定。具体推导过程从略。

总而言之，凡满足式(5.39)的过程就称为多方过程，不同的 n 值表示不同的多方过程。前面讨论过的等体过程、等压过程、等温过程和绝热过程都可视为多方过程的某种特殊情况。当 $n=0$ 时，为等压过程；当 $n=1$ 时，为等温过程；当 $n=\gamma$ 时，即为绝热过程；当 $n=\infty$ 时，即 $V=$ 常量，为等体过程。在讨论内燃机气缸内气体的膨胀或压缩过程时，由于气缸壁既非良好的导热体又非理想的绝热壁，在工程技术中往往可用多方指数 $1<n<\gamma$ 的多方过程方程来近似地处理，以得到与实际符合较好的结果。

如果理想气体经过一个多方过程从初态(p_1,V_1)变到末态(p_2,V_2)，在此过程中理想气体所做的功为

$$A=\int_{V_1}^{V_2}p\mathrm{d}V=\frac{p_1V_1-p_2V_2}{n-1} \tag{5.40}$$

下面将理想气体在常见热力学过程中的有关能量转化公式列于表 5.1 中，以供参考。

表 5.1　常见热力学过程中的能量转化公式

过程	特征	过程方程	吸收热量 Q	对外做功 A	内能增量 ΔU
等体	$V=$ 常数	$\frac{p}{T}=$ 常数	$\frac{M}{\mu}C_{V,m}\Delta T$	0	$\frac{M}{\mu}C_{V,m}\Delta T$
等压	$p=$ 常数	$\frac{V}{T}=$ 常数	$\frac{M}{\mu}C_{p,m}\Delta T$	$p\Delta V$ 或 $\frac{M}{\mu}R\Delta T$	$\frac{M}{\mu}C_{V,m}\Delta T$
等温	$T=$ 常数	$pV=$ 常数	$\frac{M}{\mu}RT\ln\frac{V_2}{V_1}$	$\frac{M}{\mu}RT\ln\frac{V_2}{V_1}$	0
绝热	$Q=0$	$pV^{\gamma}=$ 常数 $V^{\gamma-1}T=$ 常数 $p^{\gamma-1}T^{-\gamma}=$ 常数	0	$-\frac{M}{\mu}C_{V,m}\Delta T$ 或 $\frac{p_1V_1-p_2V_2}{\gamma-1}$	$\frac{M}{\mu}C_{V,m}\Delta T$
多方		$pV^{n}=$ 常数	$Q=\Delta U+A$	$\frac{p_1V_1-p_2V_2}{n-1}$	$\frac{M}{\mu}C_{V,m}\Delta T$

5.4　循环过程及其效率

5.4.1　循环过程

热力学理论的形成和发展是和热机的研究分不开的。热力学对各种过程研究的主要目的之一就是探索如何提高热机的效率。热机，就是通过某种工作物质（如气体）不断地把吸收的热量转变为机械功的装置，如蒸汽机、内燃机、汽轮机等。

热机的任务就是要持续不断地进行热功转换，但这一任务靠单一的过程是无法完成的。例如气体等温膨胀过程按理说是个完美的热机工作过程，可以把吸收的热量全部转换为机械功，但是膨胀不可能无限制进行下去，膨胀一结束，做功也就停止了。要实现持续不断地热功转换，就必须使工作物质经历一系列变化过程后能自动恢复到初始状态。工作物质系统由初始平衡态出发，经历一系列变化过程又回到初始平衡态，这种周而复始的变化过程称为循环过程（简称循环）。热机就是实现这种循环的机器。

这里以蒸汽机（工作物质为水或水蒸汽）为例说明一般循环需要经历的过程。如图 5.13 所示，一定量的水先从锅炉（高温热源）中吸收热量 Q_1 变成高温高压的蒸汽；然后进入气缸，在气缸中蒸汽膨胀对外做功 A_1；做功后的蒸汽的温度和压强大大降低（温度还是挺高的），并被排入冷凝器，在冷凝器里蒸汽向冷却水（低温热源）放出热量 Q_2 变成水；最后由泵对这冷却水做功 A_2，将它压回锅炉中，工作物质又回到了原来的状态，从而完成了整个循环。完成一个循环时系统内能没有改变，即 $\Delta U=0$，这也是循环过程的一个重要特征。

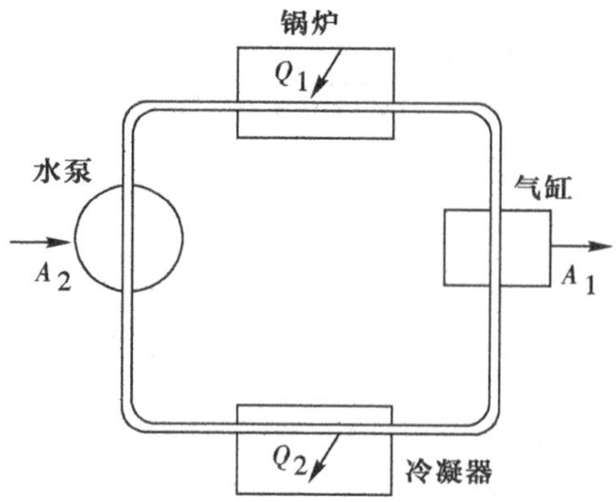

图 5.13 热机循环工作示意图

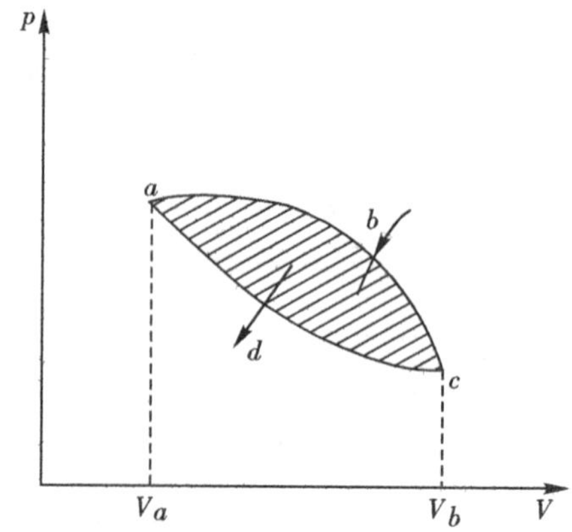

图 5.14 正循环过程曲线

如果循环过程是准静态过程，就可在 p-V 图上用一条相应的闭合曲线来表示，如图 5.14 所示。曲线上的箭头表示循环进行的方向。如果循环是顺时针，称为正循环；反之称为逆循环。图 5.14 所示 $abcda$ 循环为一正循环。在过程 abc 中系统对外界作正功 A_1，其数值等于 abc 下面到 V 轴之间的面积；在过程 cda 中，外界对系统作正功 A_2，即系统对外界作负功为 $-A_2$，其数值等于 cda 下面到 V 轴之间的面积。整个循环过程系统对外界所作的净功为 $A = A_1 - A_2$，其数值就等于 $abcda$ 循环过程曲线所包围的面积，如图 5.14 阴影部分所示。

考虑到系统最后会回到初始状态，因而内能不变 $\Delta U = 0$。又根据热力学第一定律可知，在整个循环过程中系统从高温热源吸收的热量 Q_1 必然大于向低温热源放出的热量 Q_2，其净吸热 $Q = Q_1 - Q_2 = A$。由此可知，经过一正循环过程后，系统从高温热源吸收的热量，部分用来对外做功，部分释放出来转给低温热源，而系统回到原来的状态。所以，利用正循环可以不断地把热转化为功，这也正是热机中热功转换的基本过程。因此，正循环也称热机循环。另一方面，对于逆循环，外界对系统作正功 A，系统从低温热源吸取热量 Q_2 而向高温热源放出热量 Q_1，并且 $Q_1 = Q_2 + A$。这是致冷机的工作过程，因此逆循环也称致冷循环。

5.4.2 循环效率

上一小节分析了循环过程中热功转换情况，由此我们认识了热机（致冷机）的工作原理。对热机来说，最重要的不是做功的多少，而是如何提高热机的效率。在热机循环中对外所做的功 A 与它从高温热源吸收的热量 Q_1 的比值定义为热机效率或循环效率

$$\eta = \frac{A}{Q_1} = \frac{Q_1 - Q_2}{Q_1} = 1 - \frac{Q_2}{Q_1} \tag{5.41}$$

由上式可知，热机效率越高，表示系统从高温热源吸收的热量中有越多的能量转化成其对外做功，这说明这个热机的效能越好。由式(5.41) 还可知，为了提高热机效率，我们可以通过提高 Q_1，并降低 Q_2 来实现。

另外，逆循环反映致冷机的工作过程，下面来分析致冷机的效率。假设在逆循环中，外界对工作物质做功为 A，工作物质从外界低温热源所吸收的热量为 Q_2，向高温热源放出热量 $Q_1 = Q_2 + A$，则致冷机的效率可以用致冷系数表示

$$\varepsilon = \frac{Q_2}{A} = \frac{Q_2}{Q_1 - Q_2} \tag{5.42}$$

由上式可知，当外界对工作物质做功相同时，致冷机从低温热源吸收的热量 Q_2 越多，其致冷系数越高，也即致冷效果越好。值得一提的是，热机的效率必能小于 1，而致冷机的致冷系数则可能大于 1，取值范围是大于零的所有值。

例 5.6　1 mol 氦气经历一个循环过程 $abca$，如图 5.15 所示，其中曲线 ab 为等温线，$V_b = 2V_a = 2V_c$。求该过程的循环效率。

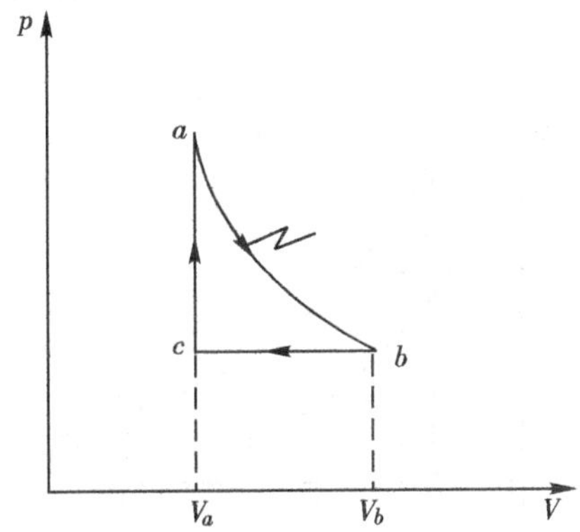

图 5.15　某循环过程曲线

解　氦气为单原子分子，自由度 $i = 3$，首先考虑 bc 等压压缩过程：

$$\frac{V_b}{T_b} = \frac{V_c}{T_c}$$

可得

$$T_b = \frac{V_b}{V_c}T_c = 2T_c$$

系统吸收热量

$$Q_p = \frac{M}{\mu}C_p(T_c - T_b) = -\frac{5}{2}RT_c$$

负号表示系统放出热量。

再考虑 ca 等体过程

$$T_a = T_b = 2T_c$$

系统吸收热量

$$Q_v = \frac{M}{\mu}C_V(T_a - T_c) = \frac{3}{2}RT_c$$

最后考虑 ab 等温过程，系统吸收热量

$$Q_T = \frac{M}{\mu}RT_a\ln\frac{V_b}{V_a} = 2RT_c\ln 2$$

因此循环的效率为

$$\eta = 1 - \frac{Q_2}{Q_1} = 1 - \frac{|Q_p|}{Q_V + Q_T} = 1 - \frac{\frac{5}{2}RT_c}{\frac{3}{2}RT_c + 2RT_c\ln 2} = 1 - \frac{5}{3 + 4\ln 2} = 13.4\%$$

例 5.7　了解奥托循环内燃机并计算其效率。这种内燃机的工作物质是汽油和空气

的混合气体，其循环由四个过程组成。当混合气体进入气缸后，由初状态 $a(V_1, T_1)$ 经过绝热压缩达到状态 $b(V_2, T_2)$；这时点火燃烧，由于燃烧非常迅速而气体还来不及膨胀，故可视为是在等体条件下进行的，这一过程中气体的温度和压强迅速上升，达到状态 $c(V_3, T_3)$；接着气体绝热膨胀对外做功，达到状态 $d(V_4, T_4)$；最后经等体放热回到初状态，完成一个循环。

解　这个循环的 p-V 图，如图 5.16 所示。该循环中只有在 bc 和 da 两个等体过程中才分别发生吸热和放热过程，所以

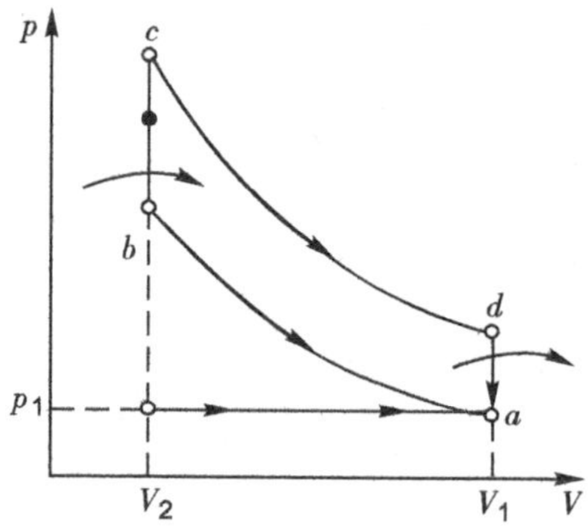

图 5.16　奥托循环过程曲线

$$Q_1 = \frac{M}{\mu} C_V (T_3 - T_2)$$

$$Q_2 = \frac{M}{\mu} C_V (T_4 - T_1)$$

则热机效率为

$$\eta = 1 - \frac{Q_2}{Q_1} = 1 - \frac{T_4 - T_1}{T_3 - T_2}$$

由 ab 和 cd 两个绝热过程，可得

$$\frac{T_2}{T_1} = \left(\frac{V_1}{V_2}\right)^{\gamma-1}$$

$$\frac{T_3}{T_4} = \left(\frac{V_1}{V_2}\right)^{\gamma-1}$$

易得

$$\frac{T_2}{T_1} = \frac{T_3}{T_4} = \frac{T_3 - T_2}{T_4 - T_1} = \left(\frac{V_1}{V_2}\right)^{\gamma-1}$$

最后得

$$\eta = 1 - \frac{1}{(V_1/V_2)^{\gamma-1}} = 1 - \frac{1}{\delta^{\gamma-1}}$$

其中 $\delta = (V_1/V_2)$ 称为绝热压缩比，可以看出，奥托循环（也称定体加热循环）的效率完全由绝热压缩比 δ 所决定，δ 越大则效率越高，δ 的大小与热机的工作条件有关，在奥托循环汽油机中，绝热压缩比 δ 一般约在5 ～ 7 之间，所以热机的效率约为 47% ～ 55%。

例 5.8　1 mol 氮气经历一个循环过程，如图 5.17 所示，图中 $V_2 = 2V_1$，$p_2 = 2p_1$，试计算循环过程的效率。

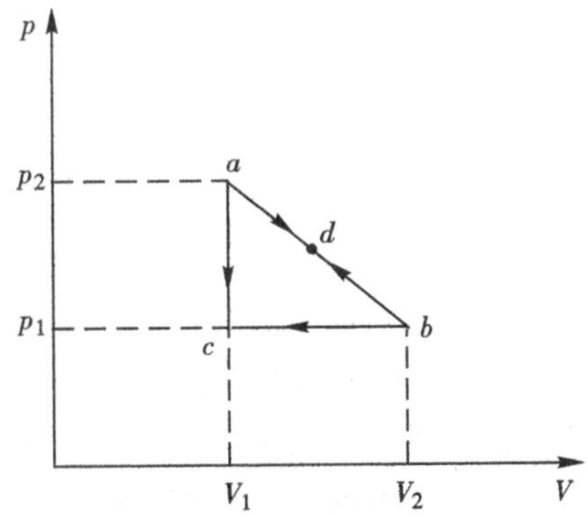

图 5.17　某循环过程曲线

解　由图可知，ab 直线的方程为

$$p = 3p_1 - \frac{p_1}{V_1}V$$

ab 过程不是多方过程，其中一部分吸收热量，另一部分放出热量，其转折点 d 可通过热力学第一定律和理想气体状态方程求得

$$\mathrm{d}A = p\mathrm{d}V = (3p_1 - \frac{p_1}{V_1}V)\mathrm{d}V$$

$$\mathrm{d}E = C_V\mathrm{d}T = \frac{i}{2}R\mathrm{d}T = \frac{i}{2}\mathrm{d}(pV)$$

$$= \frac{i}{2}(3p_1 - \frac{2p_1}{V_1}V)\mathrm{d}V$$

$$\mathrm{d}Q = \mathrm{d}E + \mathrm{d}A = (\frac{3i+6}{2} - \frac{2i+2}{2V_1}V)p_1\mathrm{d}V$$

转折点 d 处，$\mathrm{d}Q = 0$；并考虑氮气分子 $i = 5$，求得对应的体积为

$$V_d = \frac{3i+6}{2i+2}V_1 = \frac{7}{4}V_1$$

因此 ab 过程中从高温热源吸热

$$Q_{ad} = \int \mathrm{d}Q = \int_{V_1}^{V_d}(\frac{3i+6}{2} - \frac{2i+2}{2V_1}V)p_1\mathrm{d}V = \frac{27}{16}p_1V_1$$

ca 等体过程吸热

$$Q_V = \frac{i}{2}R(T_a - T_c) = \frac{i}{2}(p_aV_a - p_cV_c) = \frac{i}{2}p_1V_1 = \frac{5}{2}p_1V_1$$

bc 等压压缩过程放出热量，db 过程也放出热量。循环过程从高温热源吸热

$$Q_1 = Q_V + Q_{ad} = \frac{67}{16}p_1V_1$$

循环过程对外所作的净功 A 等于 $p-V$ 图循环曲线所包围的面积，由图可得

$$A = \frac{1}{2}p_1V_1$$

于是循环的效率

$$\eta = \frac{A}{Q_1} = \frac{8}{67} = 11.94\%$$

5.4.3 卡诺循环及其效率

19 世纪初，一般热机的效率只有 3% ～ 5%，即 95% 以上的热量都未得到有效利用。为了提高热机的效率，人们进行了大量的研究工作。1824 年法国青年工程师卡诺(*Carnot*) 研究了一种理想的热机循环(也称为卡诺循环)，并从理论上证明了它的效率最高，为提高热机效率指明了方向。卡诺的研究成果还为热力学第二定律的建立起了奠基作用。下面来研究以理想气体为工作物质由准静态过程组成的卡诺循环，并分析其效率。

卡诺循环是在两个恒定的热源(一个高温热源 T_1 和一个低温热源 T_2)之间工作的循环过程。卡诺循环是由两个等温过程和两个绝热过程组成的。在整个循环中，工作物质只与两个热源交换热量，工作物质脱离两热源时所进行的其他过程都没有热量交换。图 5.18 中的闭合曲线 $abcda$ 表示了一个以理想气体为工作物质的卡诺循环。其中曲线 ab 和 cd 表示温度分别为 T_1 和 T_2 的两条等温线，曲线 bc 和 da 是两条绝热线。在卡诺循环中，气体从高温热源吸收热量 Q_1，其中一部分热量 Q_2 由气体传给低温物体，同时气体对外作净功 $A = Q_1 - Q_2$，该转化过程如图 5.19 所示。

在 ab 等温膨胀过程中，气体从温度为 T_1 的高温热源吸收的热量为

$$Q_1 = \frac{M}{\mu} R T_1 \ln \frac{V_2}{V_1}$$

而在 cd 等温压缩过程中，气体向低温热源 T_2 放出的热量为

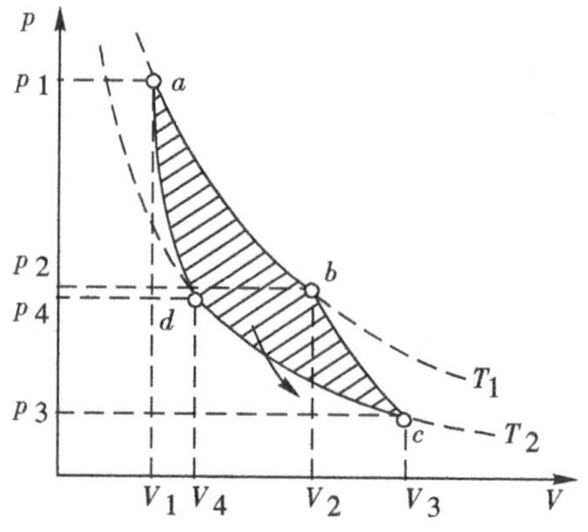

图 5.18 卡诺正循环过程曲线

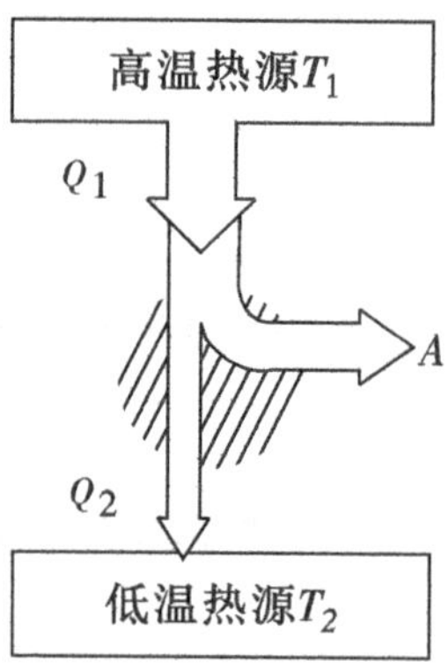

图 5.19 卡诺正循环过程示意图

$$Q_2 = \frac{M}{\mu} R T_2 \ln \frac{V_3}{V_4}$$

对于 bc 和 da 两个绝热过程，应用绝热过程方程有

$$T_1 V_2^{\gamma-1} = T_2 V_3^{\gamma-1}$$

$$T_1 V_1^{\gamma-1} = T_2 V_4^{\gamma-1}$$

两式相比，可知

$$\frac{V_2}{V_1} = \frac{V_3}{V_4}$$

因此卡诺循环的效率为

$$\eta=\frac{A}{Q_1}=1-\frac{Q_2}{Q_1}=1-\frac{\frac{M}{\mu}RT_2\ln\frac{V_2}{V_1}}{\frac{M}{\mu}RT_1\ln\frac{V_3}{V_4}}=1-\frac{T_2}{T_1} \tag{5.43}$$

由此可见，卡诺循环的效率只与高、低温热源的温度有关。高温热源与低温热源温度之比越大，卡诺循环的效率越高。另外卡诺也证明了在高温热源和低温热源温度一定的情况下，卡诺循环的效率是最高的。以上结论为如何提高热机效率提供了理论指导。

下面再来看看卡诺逆循环，即卡诺致冷机循环，循环过程的 p-V 图如图 5.20 所示。与卡诺正循环图 5.18 比较，只有循环方向是相反的，其他都相同。在卡诺逆循环中，外界对气体做功为 A，气体从低温热源吸取热量 Q_2，同时向高温热源放出热量 $Q_1=A+Q_2$，工作示意图如图 5.21 所示。

做与卡诺正循环类似的推导，可以得到卡诺逆循环的致冷系数为

$$\varepsilon_{卡}=\frac{Q_2}{A}=\frac{Q_2}{Q_1-Q_2}=\frac{T_2}{T_1-T_2} \tag{5.44}$$

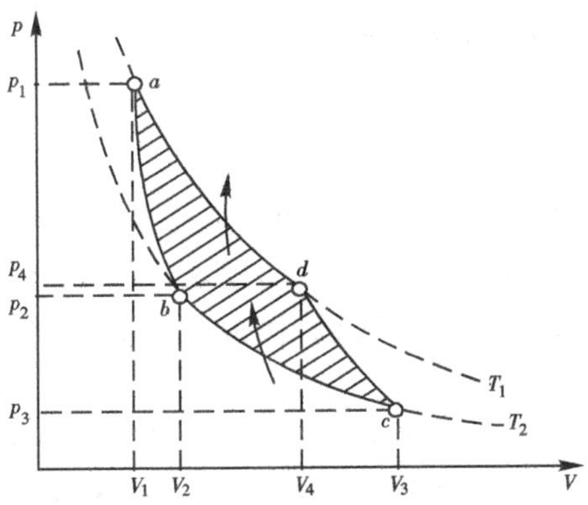

图 5.20　卡诺逆循环过程曲线

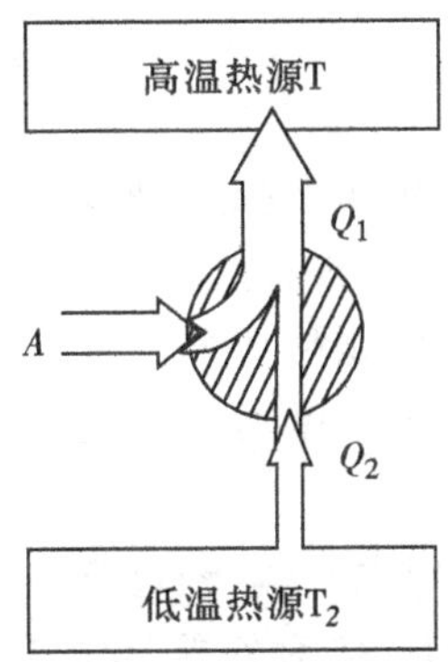

图 5.21　卡诺逆循环过程示意图

常见的致冷机有冰箱、冷藏库、空调等。在这些致冷机中，高温热源的温度 T_1 就是外界大气温度，通常在致冷过程中是不变的。那么由式(5.43)可知，致冷温度 T_2 越低，致冷系数就越小，即致冷效果越差。另外，致冷机向高温热源所放出的热量是可以利用的，比如把它当作"热泵"用来提供热量，这在近代工程上已广泛使用。

例 5.7　假如一卡诺热机在温度为 27 ℃ 及 127 ℃ 两个热源之间工作。

(1) 若在正循环中该机从高温热源吸收热量 3000 J，问该机向低温热源放出热量多少？对外做功多少？

(2) 若使该机反向运转而作致冷机工作，当从低温热源吸热 3000 J 时，将向高温热源放出热量多少？外界做功多少？

解　(1) 卡诺机的效率为

$$\eta=1-\frac{T_2}{T_1}=1-\frac{273+27}{273+127}=25\%$$

由热机效率定义

$$\eta = \frac{A}{Q_1}$$

可得系统对外做功为

$$A = \eta \quad Q_1 = 0.25 \times 3000 = 750 \text{ J}$$

则向低温热源放热为

$$Q_2 = Q_1 - A = 3000 - 750 = 2250 \text{ J}$$

（2）逆循环时，致冷系数为

$$\varepsilon = \frac{Q_2}{A} = \frac{Q_2}{Q_1 - Q_2} = \frac{T_2}{T_1 - T_2} = \frac{300}{400 - 300} = 3$$

则外界做功

$$A = \frac{Q_2}{\varepsilon} = \frac{3000}{3} = 1000 \text{ J}$$

向高温热源放热

$$Q_1 = Q_2 + A = 1000 + 3000 = 4000 \text{ J}$$

第 5 章思考题

1. 什么叫体积功？它与机械功有何异同？

2. 有人说“系统含有热量”，也有人说“系统含有功”。这两种说法是否正确，为什么？

3. 如何理解内能是系统状态的单值函数，而功和热量则与系统状态变化的过程有关？

4. 在热力学中，“做功”和“传递热量”有着本质的区别，请说明他们分别是通过什么方式实现的？

5. 1 mol 的理想气体，经过下述过程后，温度升高 ΔT，试写出以下各过程中气体内能的变化、吸收的热量和气体对外界所做的功的表达式（均用 ΔT 表示）。（1）等体过程；（2）等压过程；（3）等温过程。

6. 对同种气体在同一 p-V 图，为什么绝热过程曲线比等温过程曲线更陡？

7. 为什么摩尔热容的值可以有无穷多个？什么情况下其值为 0？什么情况下其值为无穷大？什么情况下是正值？什么情况下是负值？

8. 试分别在 p-V 图，p-T 图和 T-V 图上画出下列过程曲线：

（1）等体；（2）等压；（3）等温；（4）绝热。

9. 一定量的理想气体，由同一状态出发，经过（a）等压过程；（b）等温过程；（c）绝热过程，若体积都是增加一倍，试判断：

（1）哪个过程引起的温度改变最大？哪个最小？

（2）哪个过程气体做功最多？哪个最小？

（3）哪个过程吸热最多？哪个最小？

10. 什么是循环过程？卡诺循环包含了哪些过程？

11. 有人说，因为在循环过程中工作物质对外界所作净功的值等于 p-V 图中闭合曲线包围的面积，所以闭合曲线的面积越大，循环的效率就越高。这句话对吗？

第 5 章练习题

1. 设 3 mol 的理想气体开始时处在压强 $p_1 = 6$ atm，温度 $T_1 = 500$ K 的平衡态，经过一个等温过程，压强变为 $p_2 = 3$ atm，求该气体在此等温过程中吸收的热量。

2. 一容器中装有氦气，已知作等压膨胀时，吸收 1.5×10^3 J 的热量，则气体的内能变为多少?气体做功多少?

3. 给定的理想气体(比热容比 γ 为已知)，从标准状态(P_0、V_0、T_0)开始，做绝热膨胀，体积增大到三倍，求膨胀后的温度和压强。

4. 一定量的理想气体在 p-V 图中，若等温线与绝热线交点处的斜率之比为 0.714，求该气体的定体摩尔热容。

5. 一系统由如题 5.5 图所示的状态 a 沿 abc 到状态 c 时，吸收了热量 350 J，同时对外做功 126 J。

(1) 如沿 adc 进行，系统做功 42 J，问这过程系统吸收了多少热量?

(2) 当系统由状态 c 沿曲线 ca 返回状态 a 时，如果外界对系统做功 84 J，问这过程系统是吸热还是放热?热量传递了多少?

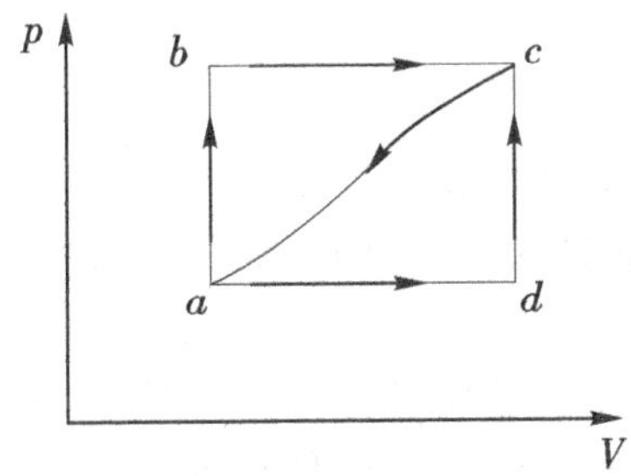

题 5.5 图

6. 质量为 0.020 kg 的氦气温度由 17 ℃ 升为 27 ℃，若在升温过程中：(1) 体积保持不变；(2) 压强保持不变；(3) 与外界不交换热量，试分别计算各过程中气体吸收的热量、内能的改变和对外所作的功。

7. 将 400 J 的热量传给标准状态下的 2 mol 氢气：

(1) 若温度不变，氢气的压强、体积各变为多少?

(2) 若压强不变，氢气的温度、体积各变为多少?

(3) 若体积不变，氢气的温度、压强各变为多少?

(4) 上述哪一个过程中氢气做功最多?为什么?哪一个过程中内能增加最多?为什么?

8. 1 mol 氢气，在压强 1 atm，温度 20 ℃ 时，其体积为 V_0。今使其经以下两种过程到达同一状态：

(1) 先保持体积不变，加热使其温度升高到 80 ℃，然后等温膨胀到体积为 $2V_0$；

(2) 先等温膨胀到体积为 $2V_0$，然后等体加热到 80 ℃。试分别计算上述两种过程中气体吸收的热量，增加的内能与对外所做的功。

9. 1 mol 氧气，温度 300 K 时，体积为 2×10^{-3} m^3。试计算下列两过程中氧气所做的功：

(1) 绝热膨胀至体积 $2.0\times10^{-2}\ m^3$；

(2) 等温膨胀至体积 $2.0\times10^{-2}\ m^3$，然后再等体冷却，直到温度等于绝热膨胀后所达到的温度为止。

10. 如题5.10图所示 ab，cd 是绝热线，doa 是等温线，已知系统在 doa 过程中放热 100 J，oab 的面积为 30 J，ocd 的面积是 70 J，试问在 boc 过程中系统是吸热还是放热？热量是多少？

11. 如题5.11图所示，一定量的空气，开始时在状态 a，压强为 2 atm，体积为 $2\times10^{-3}\ m^3$，沿直线 ab 变化到状态 b 后，压强变为 1 atm，体积变化为 $3\times10^{-3}\ m^3$。求在此过程中气体所做的功、内能的增量及所吸收的净热量。

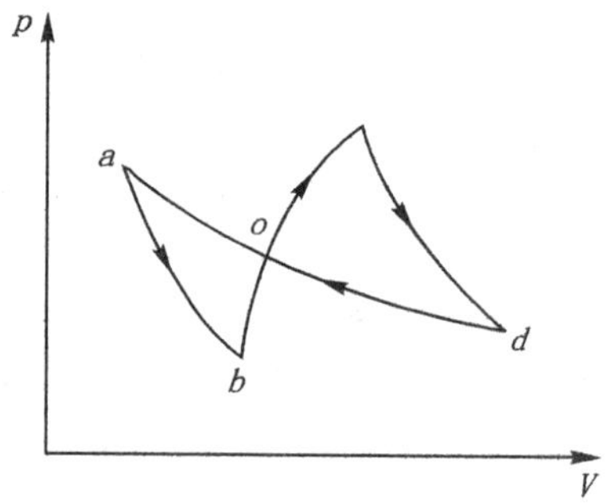

题5.10图

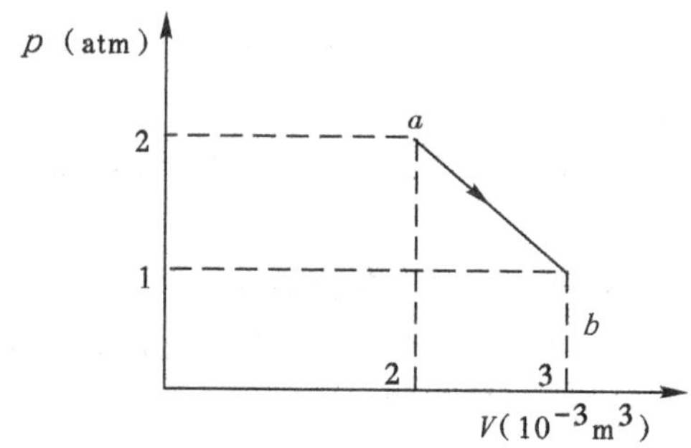

题5.11图

12. 一定量理想气体所经历的循环过程如题5.12图所示，其中 ab 和 cd 是等压过程，bc 和 da 是绝热过程。已知 b 点和 c 点的温度分别为 T_2 和 T_3，求该循环的效率，并判断这个循环是卡诺循环吗？

13. 一摩尔理想气体氦气的循环过程如题5.13图所示，其中 ab 和 cd 为等压过程；bc 和 da 为等体过程。已知 a 点的压强为 $p_a=2.0$ atm，体积为 $V_a=1.0\ m^3$，b 点体积为 $V_b=2.0\ m^3$，c 点压强为 $p_c=1.0$ atm，求该循环的效率。

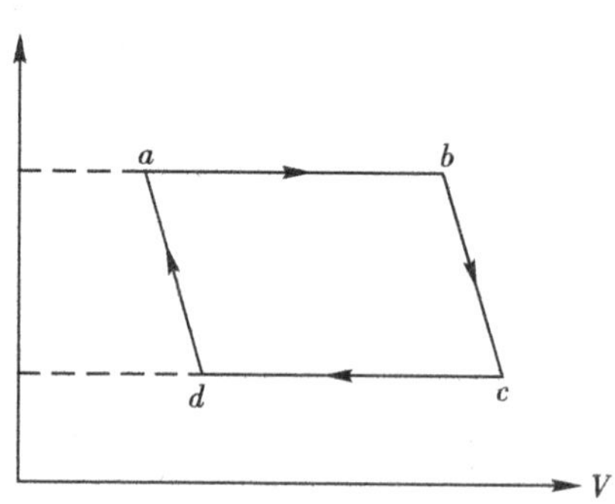

题5.12图

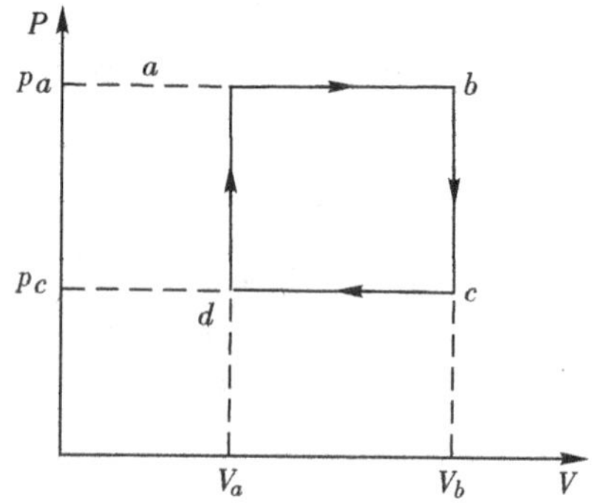

题5.13图

14. 一定量的理想气体氧气做卡诺循环，热源温度 $T_1=400$ K，冷却器温度 $T_2=280$ K。设 $p_1=10$ atm，$V_1=1.0\times10^{-2}\ m^3$，$V_2=2.0\times10^{-2}\ m^3$，试求：

(1) p_2，p_3，p_4 及 V_3、V_4；

(2) 该循环中气体对外所做的功；

(3) 该循环中从热源吸收的热量；

(4) 该循环的效率。

15. 一卡诺热机工作于温度为 1000 K 与 300 K 的两个热源之间，如果(1) 将高温热源的温度提高 100 K；(2) 将低温热源的温度降低 100 K，试问理论上热机的效率各增加多少？比较一下为了提高热机效率哪一种方案更好？

16. 一卡诺热机工作于 50 ℃ 与 250 ℃ 之间，在一个循环中做功为 1.05×10^{5} J，试求热机在一个循环中吸收和放出的热量至少应是多少？

17. 有一卡诺致冷机，其低温热源温度为 $T_2 = 300$ K，高温热源温度为 $T_1 = 450$ K，每一循环从低温热源吸热 $Q_2 = 400$ J，求该致冷机的致冷系数以及每一循环中外界必须做的功。

18. 有一台电冰箱，假设使用理想卡诺循环致冷机，为了制冰从 260 K 的冷冻室取走热量 209 J。如果室温是 300 K，试问电流做功至少应是多少？如果电冰箱能以 $0.209\ \mathrm{kJ\cdot s^{-1}}$ 的速率取出热量。试问所需电功率至少应是多少？

19. 一定量理想气体做卡诺循环，高温热源的热力学温度是低温热源的热力学温度的 n 倍，求气体在一个循环中将由高温热源所得热量的百分之几交给低温热源。

第 6 章

热力学第二定律

自然界一切涉及到热现象的过程必须遵循热力学第一定律。那么，遵循热力学第一定律的过程是否就一定能实现呢?答案是否定的。热力学过程还必须遵循热力学第二定律。热力学第二定律是关于内能与其他形式能量(如机械能、电磁能等)之间的相互转化，并独立于热力学第一定律的另一条基本规律。热力学第二定律是在研究如何提高热机效率的推动下逐步被发现的，并用于解决与热现象有关过程进行的方向问题。它和热力学第一定律一起构成了热力学的主要理论基础。

6.1 热力学第二定律

6.1.1 热力学第二定律的两种经典表述

1. 开尔文表述

在热机循环中，工作物质从高温热源吸收的热量 Q_1，一部分转变为对外所作的机械功 A，同时向低温热源放出其余的部分热量 Q_2，其热机工作效率为

$$\eta = \frac{A}{Q_1} = \frac{Q_1 - Q_2}{Q_1} = 1 - \frac{Q_2}{Q_1}$$

热机的效率不可能大于 100%，否则就会违反热力学第一定律。从热机效率的表达式可以看出，Q_2 越小，效率越高。那么热机的效率能不能等于 100% 呢?也就是说，能否制成一种理想热机，它在循环过程中吸收的热量全部转换为功而不放出热量。这样的热机是不违反热力学第一定律的。大量的研究与实践都说明，在任何情况下，热机都不可能只有一个热源。热机要不断地把吸取的热量变为有用的功，就不可避免地将一部分热量传给低温热源。

在总结这些及其他一些实践经验的基础上，开尔文于 1851 年以下列形式提出了一条新的普遍原理:不可能从单一热源吸取热量，使之完全变为有用的功而不产生其他影响。这就是热力学第二定律的开尔文表述。

注意表述中的“单一热源”和“不产生其他影响”两个条件。“单一热源”是指温度均匀并且恒定的热源。若热源不是单一热源，则工作物质就可以由热源中温度较高的部分吸热而往热源中温度较低的另一部分放热，这样实际上就相当于两个热源的情况了。“其他影响”是指除了从单一热源吸热并把它全部用来作功以外的任何其他变化。当有其他影响产生时，把从单一热源吸取的热量全部用来对外作功是可能的。例如，理想气体的等温膨胀过程，理想气体和单一热源接触，内能不变(因为理想气体内能仅由温度决定)，即 $\Delta U = 0$，根据热力学第一定律，$Q = -A$，吸取的热量全部用来对外作功。但这时却产生了其他影响，即理想气体的体积膨胀

了，压强降低了，系统发生了变化。

开尔文表述还可以表达为：第二类永动机是不可能造成的。

从单一热源吸热并将热全部变为有用的功而不产生其他影响的热机，叫做第二类永动机。如果这种热机能够制成，那么就可以利用海洋作热源，使它从海水吸热而作功。有人计算过，海水的温度只要降低 0.001 K，收集其所释放的热量用来作功，就可供全世界工厂的机器开动 1000 年。第二类永动机虽不违反热力学第一定律，但违反了热力学第二定律，即效率为 100% 的热机是不可能实现的。

2. 克劳修斯表述

在致冷机循环中，外界对机器作功 A，使工作物质从低温热源吸取热量 Q_2，向高温热源放热 $Q_1 = Q_2 + A$，而工作经历一个循环又回复到原来的状态。制冷机的目的是使热量从低温物体传到高温物体。致冷系数为 $w = Q_2/A$。显然从低温物体吸取一定的热量 Q_2，若外界作的功 A 越少，则致冷机的效能就越高。由此可见，在外界作功的条件下，热量可从低温物体传向高温物体，达到致冷的目的。能不能不需外界作功，热量就会自动地从低温物体传向高温物体呢？

然而，大量的实践表明，在制冷机工作过程中，外界必须对制冷机作功。于是，克劳修斯在 1850 年提出了有名的论断：热量不可能自动地从低温物体传到高温物体。这就是热力学第二定律的克劳修斯表述。

注意表述中的“自动”两个字。利用致冷机，热量可以从低温物体传向高温物体，但同时外界必须作功，这就不是自动地了。

6.1.2　热力学第二定律两种表述的等价性

开尔文表述和克劳修斯表述，是热力学第二定律的两种基本表述。开尔文表述阐明了热功转换的规律；克劳修斯表述阐明了热传导的规律。表面上看两种表述似乎毫不相关，但是可以证明，两种表述是完全等价的。

现在用反证法证明，即若开尔文表述不成立，则克劳修斯表述也不成立；反之若克劳修斯表述不成立，则开尔文表述也不成立。

假设开尔文表述不成立，即热量能够完全转变为有用的功而不产生其他影响，即单一热源的热机是可能的。于是可按图 6.1 设计，用此热机从高温热源吸取热量 $Q_1 - Q_2$ 并对外做功 A，用以开动一个实际可能的致冷机，使其从低温热源吸收热量 Q_2 向高温热源放出热量 $Q_1 = Q_2 + A$。因此两台机器联合的结果是，热量 Q_2 从低温热源自动传到了高温热源而未发生其他影响。这就说明，若开尔文表述不成立则克劳修斯表述也不成立。

另一方面，假设克劳修斯表述不成立，设热量 Q_2 可以自动地从低温热源传向高温热源，则可按图 6.2 设计，再从高温热源吸收热量 Q_1，开动一个实际可能的热机，使之向低温热源放出热量 Q_2，并对外作功 $A = Q_1 - Q_2$。两台机器联合的结果是，从单一热源吸取热量 $Q_1 - Q_2$，并完全变为有用的功 A，而未产生其他影响，于是得到了单一热源的热机。这就证明了如果克劳修斯表述不成立，则开尔文表述也不成立。因此证明了两种表述是等价的。

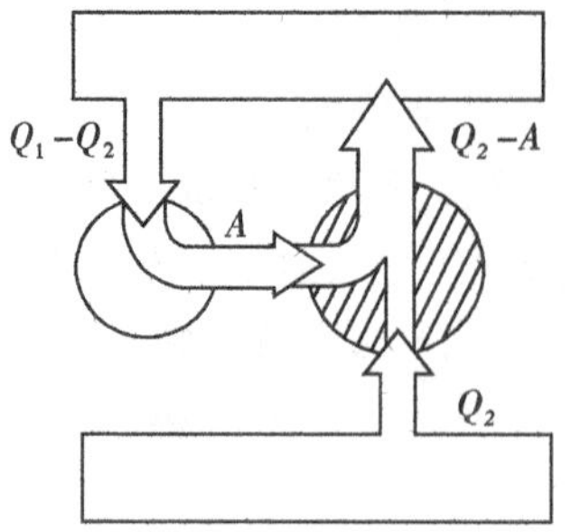

图 6.1 热机联合制冷机

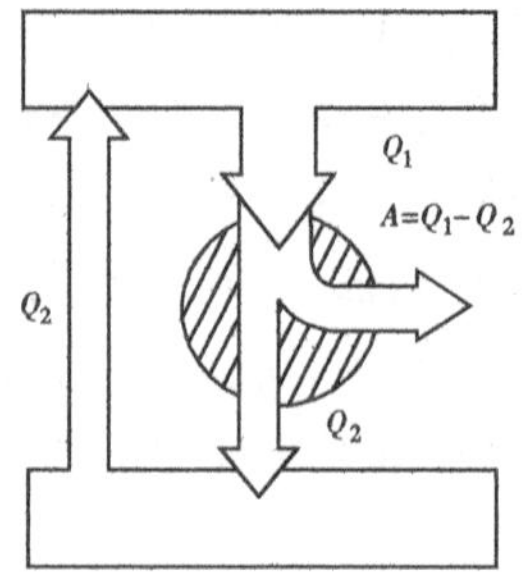

图 6.2 制冷机联合热机

两种表述的等价性说明它们有着共同的内在本质。下面我们即将看到，这两种表述的等价性实质上反映出自然界与热现象有关的宏观过程的一个极其重要的特征：热力学过程具有方向性。

6.2 热力学第二定律的统计意义

热力学第二定律开尔文表述和克劳修斯表述的等价性，说明了功热转换的方向性与热传导的方向性存在着深刻的内在联系。为了进一步理解热力学第二定律的意义和热力学过程的方向性的问题，下面介绍可逆过程和不可逆过程的概念。

6.2.1 可逆与不可逆过程

一个系统，由某一状态出发，经过某一过程达到另一状态，如果存在另一过程，它能使系统和外界完全复原(即系统回到原来的状态，同时消除了原来过程对外界引起的一切影响)，则原来的过程称为可逆过程；反之，如果有任何方法都不可能使系统和外界完全复原，则称为不可逆过程。

例如，一单摆，如果不受到空气阻力及其他摩擦力的作用，当它离开某一位置后，经过一个周期，又将回到原来的位置，而周围的一切都无变化，因此这一单摆的摆动是可逆过程。可逆过程是理想的过程。实际过程不可避免摩擦力和耗散效应，所以一切实际过程都是不可逆过程。

热力学第二定律的开尔文表述，实际上说明了热功转换的过程是不可逆过程；克劳修斯表述则说明热传导过程是不可逆过程。然而，需要注意的是，对于热功转换不可逆性不能简单地理解为：功可以完全地转化为热，而热不能完全地变为功。正确的理解是：在不引起其他变化或者不产生其他影响的条件下，热不能完全地变为功。对热传导过程的不可逆性的理解也是这样的。制冷机把热量从低温物体向高温物体传递，这是因为外界对制冷机做了功，并且高温物体也多吸收了热量，这部分热量是外界对系统所做的功转化而来的，但是没有任何办法能把这些变化消除而同时不会引起其他影响。实际上，热力学第二定律的两种表述就是分别挑选了一种典型的不可逆过程，指出它所产生的效果不论用什么办法也不可能完全恢复原状而不引起其他变化。两种表述的等价性说明，热传导的不可逆性必然引导到功变热过程的不可逆性，而由功变热过程的不可逆性也必然能推断热传导过程的不可逆性。因此，热传导与功变热两类过程在不可逆特征上是完全等价的。

自然现象中的不可逆过程是多种多样的。下面以两个典型的不可逆过程来把与热现象相关的其他各种宏观不可逆过程相互联系起来。

理想气体向真空的自由膨胀过程。设有一容器被中间一隔板分成 A、B 两部分，A 室中装有理想气体，B 室中为真空，如图 6.3 所示。抽去隔板后，A 室中的气体将向 B 室自由膨胀，最后气体将均匀分布到整个容器内。由于气体是向真空自由的膨胀，对外不作功。因为这一过程进行的很快，所以可以看成是绝热过程。根据热力学第一定律，气体的内能不会改变，重新达到平衡后，温度和原来相同，但是气体的体积膨胀了。气体膨胀后，我们可以用活塞把气体等温压缩回 A 室，使气体回到初始状态，但我们必须对气体作功，所作的功转化为气体向外界传出的热量。根据热力学第二定律，我们无法通过循环过程将这热量完全转化为功，所以气体向真空的自由膨胀过程是不可逆过程。因此，由功变热过程的不可逆性可以推断出气体自由膨胀的不可逆性。反之，由气体自由膨胀的不可逆性也可以推断出功变热过程的不可逆性。

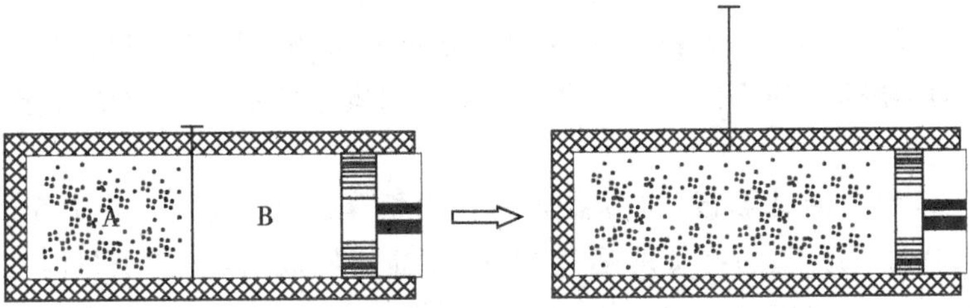

图 6.3　理想气体向真空的自由膨胀

气体的迅速膨胀过程。气缸的气体迅速膨胀时，靠活塞处气体的压强小于气体内部的压强；在气体被压缩恢复原状态的过程中，靠近活塞处气体的压强将大于气体内部的压强，因此，压缩气体时外界所作的功将大于气体膨胀时对外界所作的功。由于气体已复原，内能不变，根据热力学第一定律，外界多作的这部分功一定是在压缩过程中转换为热了；根据热力学第二定律，我们无法通过循环过程将这热量完全转化为功，所以气体的迅速膨胀过程也是不可逆过程。

如果气体膨胀过程进行得无限缓慢(即为平衡过程)，而且活塞和气缸壁没有摩擦，则气体膨胀时对外所作的功和压缩时外界所作的功相等，因而气体和外界可以完全复原，这个过程是可逆过程。由此可见，过程可逆与否与系统经历的中间状态是否平衡密切相关。

由于自然界中存在着多种多样的不可逆过程，且都是互相关联的，所以每一个不可逆过程都可以选为表述热力学第二定律的基础，因而热力学第二定律就可以有多种不同的表述方式。但不管具体表述方式如何，热力学第二定律的实质在于指出，一切与热现象有关的实际宏观过程都是不可逆的。热力学第二定律所揭示的这一客观规律阐明了实际宏观过程进行的条件和方向。仔细分析自然界的各种不可逆过程就可以看出，它们都包含着下列某些基本特征：① 没有达到力学平衡，例如系统和外界之间存在着有限大小的压强差(而不是无限小的压强差)；② 没有达到热平衡，即存在着在有限温度差之间的热传导(而不是在无限小的温差间的热传导)；③ 没有消除摩擦力、黏性力、电阻等产生耗散效应的因素。因此，如果要使过程可逆，就必须消除这些因素。在无摩擦的准静态过程中，过程的每一步都达到了平衡而又没有摩擦。因而，对这种过程，就可以控制条件，使它按照与原过程完全相反的顺序进行，经过原来的所有中间状态，并且可以消除所有的外界影响。因此，无摩擦的准静态过程是可逆的。但是，严格的准静态过程是不存在的，它只是一种理想模型，如同力学中的质点、光滑平面等概念一样。由于在实际的热学问题中，可以实现非常接近于一个可逆过程，因而可逆过程这个概念在理论上、计算上有重要的意义。

6.2.2 热力学第二定律的统计意义

热力学第二定律阐明了一切与热现象有关的过程都是不可逆过程。功热转换、热传导和自由膨胀过程，都是典型的不可逆过程。从分子运动观点看，过程的不可逆性是与大量分子的无序热运动分不开的，可以用统计概率观点加以解释。

为了说明过程的不可逆性，先看一个日常生活中的例子。假设有一长方形盒子内盛有很多小球，黑白各半，开始时黑白分开各放一边。如果将盒子摇几下，黑白两种球就要混合在一起，若球数很多，摇动的次数越多，则可发现黑白球在盒内的分布越均匀。这种均匀分布是最概然分布。是否可能在某次摇动后黑白两种球又各在一边呢?回答是可能的，但机会极少，或者说概率极小。也就是说，多次摇动后，黑白两种球均匀分布的概率远远超过黑白球各在一边的概率。

气体可以自动地膨胀，却不能自动收缩。现在再用概率的概念来说明理想气体自由膨胀过程的不可逆性。

假定有一容器，用一活动隔板，将容器分为容积相等的A、B两室，A中充满气体，B中保持真空。首先考虑气体中的任一分子a的运动情况。在抽掉隔板前，这分子只能在A室运动，抽掉隔板后，它就能在整个容器中运动，由于碰撞，它可能一会儿在A室，一会儿在B室，分子a与器壁以及与其他分子间发生频繁的碰撞，由于A、B两室容积相等，它在A、B两室出现的机会是均等的，所以返回到A室的概率是1/2。其次，我们再考虑隔板未抽前A室气体中的四个分子a、b、c、d。表6.1列出了这4个分子的宏观态与微观态数的对应关系。当隔板抽掉后，任一瞬时每个分子出现在A、B两室中的机会是均等的，而且每个分子返回A室的概率都是1/2。于是任一时刻这四个分子在A、B室中的分布就有$2^4=16$种可能。可见，四个分子同时返回A室的可能性是存在的，其概率为$\frac{1}{2^4}=\frac{1}{16}$，显然这种可能性比只考虑一个分子时小得多了。根据概率理论，如果分子数为N，上述自动收缩的概率应为$1/2^N$，分子数N愈大，自动收缩的概率愈小。对于1 mol气体来说，分子总数为$N_0=6\times10^{23}$个，自动收缩的概率为$1/2^{6\times10^{23}}$，这个概率是微不足道的，实际上不可能观察到。所以说气体的自由膨胀过程是一个不可逆过程。

上面讨论的N个分子在容器内A、B室的分布情况，涉及到任一时刻出现在A室具体是哪几个分子，出现在B室具体又是哪几个分子，我们把这样每一种可能分布称为一个微观态。当不考虑哪些分子出现在哪一部分，只统计分别出现在A、B两室中的分子总数时，所得到的每一种可能分布称为一个宏观态。从表6.1可以看出，四个分子都返回A室的宏观态中只包含一个微观态，两室各有两个分子的均匀分布的宏观态包含了6个微观态。对于分子数为N的气体，经自由膨胀后共有2^N个可能的概率均等的微观态，全部都返回到A室的宏观态只包含一个微观态，而均匀分布的宏观态包含了可能的微观态的绝大多数。由于N很大，气体实际上将保持均匀分布状态。所以气体自由膨胀的不可逆性，表明这个过程总是由概率小的宏观态向概率大的宏观态进行，亦即由包含微观态数目少的宏观态向包含微观态数目多的宏观态进行，而相反的过程在没有外界影响的条件下是不可能实现的。这就从统计意义上说明了气体自由膨胀的不可逆性。

表 6.1　宏观态与微观态数的对应关系

分子分布		微观态数	宏观态数
A	B		
abcd		1	A
abc bcd cda dab	d a b c	4	B
ab ac ad bc bd cd	cd bd bc ad ac ab	6	C
a b c d	bcd acd abd abc	4	D
	abcd	1	E
合计		2^4	5

再来分析功变热的过程。功变热的过程实际上是机械能转变为内能的过程。机械能表示所有的分子都做同样的定向运动所具有的能量，属于包含微观态数少的宏观态；而内能则代表分子做无规则热运动时的能量，属于包含微观态数多的宏观态。因此，单纯的功变热表示规则运动的能量变为无规则运动的能量，这是可能的；而相反的过程，即无规则运动自发地全部变为规则的定向运动，这对大量分子的宏观系统来讲，其概率小到实际上是不可能。前者是概率小的状态向概率大的状态进行，而后者是概率大的状态向概率小的状态进行。

对上述简单例子的分析事实上是有一般意义的，即在一个不受外界影响的孤立系统内，一切实际过程都是从概率小(微观态数小)的宏观状态向概率大(微观态数多)的宏观态进行的。这就是热力学第二定律的统计意义。应当指出，与此相反的过程，并非绝对不可能发生，只是由于出现的概率极小，实际上观察不到。热力学第二定律的统计意义，表明了它只适用于由大量微观粒子组成的宏观系统，对于粒子数很少的系统则是没有意义的。因此说热力学第二定律本质上是一条统计性的规律。

热力学的第二定律是在提高热机效率的生产实践中发现的，但它对实践的指导意义却不限于热机。随着对热力学第二定律普遍意义的认识，它在越来越多的方面得到应用，它和热力学第一定律一起，构成热力学的主要理论基础。由于热力学在生产实践中的广泛应用以及科学技术的发展，20 世纪以来，相继地出现了许多热力学的分支。除了研究热机的工程热力学外，其他如在化学反应中研究化学能与其他形式能量转化以及各种化学过程进行的条件和方向的化学热力学，在冶金、气象等领域中研究相变的相变热力学，以及研究低温技术和广泛低温现象的低温热力学，等等。

6.3 卡诺定理

6.3.1 卡诺定理

热力学第二定律指出，热机的效率不可能等于 100%，那么热机的效率最高等于多少呢？为此，1824 年法国工程师卡诺通过理论分析得出卡诺定理：

(1) 在相同的高温热源(温度为 T_1) 和相同的低温热源(温度为 T_2) 之间工作的一切可逆机(即工作物质的循环是可逆的)，不论用什么工作物质，其效率都相等，都等于理想气体可逆卡诺热机的效率。该效率即在本书第 5 章详细计算分析过的卡诺正循环的效率，见式(5.42)：

$$\eta = 1 - \frac{T_2}{T_1}$$

(2) 在相同的高温热源和相同的低温热源之间工作的一切不可逆机(即工作物质的循环是不可逆的) 的效率，都不可能大于可逆热机的效率。

须注意这里所讲的热源都是温度均匀的恒温热源，工作于两个热源之间的可逆机，必定是卡诺热机，其循环是由两条等温线和两条绝热线组成的卡诺循环。

下面根据热力学第二定律来证明卡诺定理。设在温度分别为 T_1 与 T_2 的高、低温热源之间，同时工作的有两部可逆机 E 和 E'，如图 6.4(a) 所示，在一个循环中，它们分别从高温热源吸收热量 Q_1 与 Q'_1，向低温热源分别放出热量 Q_2 与 Q'_2，对外作功分别为 A 与 A'。根据定义，它们的效率分别为

$$\eta = \frac{A}{Q_1}, \eta' = \frac{A'}{Q'_1}$$

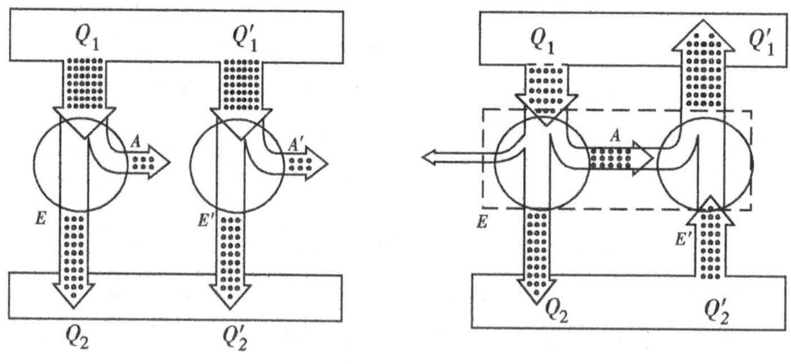

图 6.4 卡诺定理的证明

先证明定理(1)。用反证法，假定 $\eta > \eta'$。我们可让 E' 机逆向工作，则当外界作功 A' 时，它将由低温热源吸热 Q'_2，向高温热源放热 Q'_1。把 E 和 E' 两机构成联合机，如图 6.4(b) 所示，设法调节两机使 $Q_2 = Q'_2$。按照假定有

$$\frac{A}{Q_1} > \frac{A'}{Q'_1}, \quad \frac{Q_1 - Q_2}{Q_1} > \frac{Q'_1 - Q'_2}{Q'_1}$$

$$\frac{Q_2}{Q_1} < \frac{Q'_2}{Q'_1}$$

因为假定 $Q_2 = Q'_2$，所以 $Q_1 > Q'_1$，因而有

$$A - A' = (Q_1 - Q_2) - (Q'_1 - Q'_2) = Q_1 - Q'_1 > 0$$

这一结果表明，两机联合工作的结果是，在没有外界影响下把从高温热源吸收的热量 $Q_1 - Q'_1$ 全部转变为对外所作的功 $A - A'$，这违背了热力学第二定律的开尔文表述，因此假设 $\eta > \eta'$ 不能成立。

同样，可让 E 机逆向工作，E' 机正向工作，重复上述证明过程，可得 $\eta' > \eta$ 不能成立，从上述两个结论容易看出，最后的结果只能是 $\eta = \eta'$。也就是说，两个温度一定的高温热源和低温热源之间工作的一切可逆机（这样的热机必然是可逆卡诺热机）的效率都相等，在证明过程中，没有涉及工作物质，所以该结论与工作物质无关。定理(1) 得证。

对于定理(2) 的证明，可假定 E 机为不可逆，E' 机可逆，让 E 机做正向工作，E' 机作逆向工作，重复定理(1) 证明的前半部分。可得 $\eta > \eta'$ 不能成立。因为 E 机是不可逆机，因而无法证明 $\eta' \leqslant \eta$，所以只有 $\eta \leqslant \eta'$，即

$$\eta_{\text{不可逆}} \leqslant \eta_{\text{可逆}} = 1 - \frac{T_2}{T_1} \tag{6.1}$$

卡诺定理指明了提高热机效率的方向：首先要增大高低温热源的温度差，由于一般热机总是以周围环境作为低温热源，所以实际上只能是提高高温热源的温度；其次，要尽可能使实际的不可逆机尽量地接近可逆机，也就是减少摩擦、漏气、散热等耗散因素。

6.3.2　关于制冷机的效能

对于制冷机也可做如上述卡诺定理类似的讨论，设有两个恒温热源，温度各为 T_1、T_2。在这两个具有一定温度的热源之间工作的制冷机也可以分为可逆制冷机和不可逆制冷机两类。相应地，有下述结论：

(1) 在相同的高温热源和相同的低温热源之间工作的一切可逆制冷机，其制冷系数都相等，与工作物质无关。

(2) 在相同的高温热源和相同的低温热源之间工作的一切不可逆制冷机，其制冷系数都不可能大于可逆制冷机的制冷系数。

这里证明从略，有兴趣的读者可仿照证明卡诺定理的方法自己证明这两个结论。

以上这两个结论对提高制冷机的制冷系数具有指导意义。例如由第 5 章给出的工作物质为理想气体的逆向卡诺循环的制冷系数，再根据上述结论(1) 可以得出结论：在恒温热源 T_1 和 T_2 之间工件的一切可逆制冷机的制冷系数均为

$$\varepsilon = \frac{Q_2}{A} = \frac{Q_2}{Q_1 - Q_2} = \frac{T_2}{T_1 - T_2} \tag{6.2}$$

而在同样两个热源之间的工作的不可逆制冷机的制冷系数不可能大于这一数值。

6.4　热力学温标

现在我们来详细介绍热力学温标。根据卡诺定理引入一种新的温标，它不依赖于测温物质的测温属性，而且与物质所处的状态（不论气态、液态或固态）无关；在理想气体温标可以使用的温度范围内，它与理想气体温标是完全相同的，这种温标称为热力学温标，它是由开尔文引入的。

6.4.1 热力学温标的定义

由卡诺定理可知,工作于两个恒温热源之间的一切可逆热机的效率,只与这两个热源的温度有关,而与工作物质的性质以及所吸收和放出的热量的多少无关,因而这种热机的效率应该是这两个温度的一个普适函数。

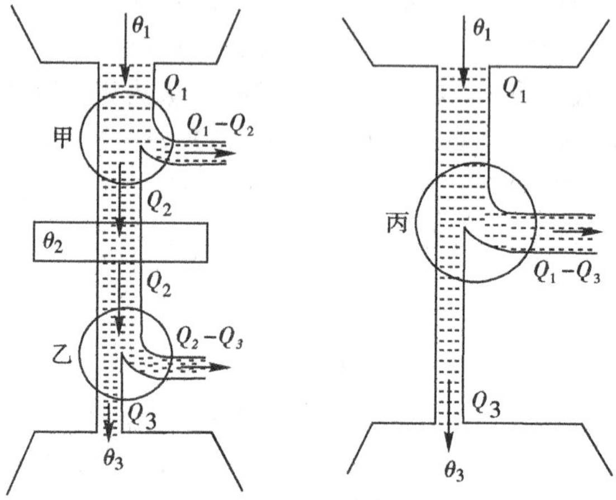

图 6.5 可逆热机甲、乙联合的结果相当于单一的可逆热机丙

设有一个可逆热机甲,如图 6.5 所示,工作于温度为 θ_1 和 θ_2 的两个热源之间,这里 θ_1 和 θ_2 是由任意选定的经验温标所确定的温度。这个热机从 θ_1 热源吸热 Q_1,向 θ_2 热源放热 Q_2,其效率 $\eta=1-Q_2/Q_1$ 与工质无关,只是 θ_1 和 θ_2 的函数,我们可以把它写为

$$\frac{Q_1}{Q_2}=\frac{1}{1-\eta}=f(\theta_1,\theta_2) \tag{6.3}$$

式中 $f(\theta_1,\theta_2)$ 应为两个温度 θ_1 和 θ_2 的一个普适函数,普遍适用于所有的可逆热机,与工质的性质及 Q_1 和 Q_2 的大小无关。

再设一个温度为 θ_3(低于 θ_1、θ_2)的热源,一个可逆热机乙工作于恒温热源 θ_2、θ_3 之间,从 θ_2 热源吸收恰等于 Q_2 的热量,向 θ_3 热源放热 Q_3。同理有根据式(6.3)有

$$\frac{Q_2}{Q_3}=f(\theta_2,\theta_3) \tag{6.4}$$

现在把这甲乙两个热机联合起来,由于热机乙从 θ_2 热源吸收的热量恰等于热机甲向 θ_2 热源放出的热量,联合的结果相当于一个单一的可逆热机丙,它工作于 θ_1、θ_3 之间,从 θ_1 热源吸热 Q_1,向 θ_3 热源放热 Q_3。同理有根据式(6.4)有

$$\frac{Q_1}{Q_3}=f(\theta_1,\theta_3) \tag{6.5}$$

以式(6.5)除式(6.4),即可消去 Q_3 而得

$$\frac{Q_1}{Q_2}=\frac{f(\theta_1,\theta_3)}{f(\theta_2,\theta_3)}$$

将此式与式(6.3)比较,可得

$$f(\theta_1,\theta_2)=\frac{f(\theta_1,\theta_3)}{f(\theta_2,\theta_3)} \tag{6.6}$$

这就是普适函数 f 所必须满足的函数方程。

由于 θ_3 是一个低于 θ_1、θ_2 的任意温度，它既然不出现在式(6.6)的左方，显然它一定可以在式(6.6)右端的分子和分母中相互消去，即函数 f 中的变量一定可以分离。设

$$f(\theta_1,\theta_3)=\varphi(\theta_1)\varphi(\theta_3),f(\theta_2,\theta_3)=\varphi(\theta_2)\varphi(\theta_3)$$

且 φ、ψ 同样也是任意温度的普适函数，则式(6.6)变为

$$f(\theta_1,\theta_2)=\frac{\varphi(\theta_1)}{\varphi(\theta_2)} \tag{6.7}$$

于是，由式(6.3)和式(6.7)可得

$$\frac{Q_1}{Q_2}=\frac{\varphi(\theta_1)}{\varphi(\theta_2)} \tag{6.8}$$

普适函数 $\varphi(\theta)$ 具体形式与温标 θ 的选择有关，若先选定了某种温标从而确定了 θ 的值，则 $\varphi(\theta)$ 的函数形式由式(6.8)确定。但也可以先选定 $\varphi(\theta)$ 的一种具体函数形式，再由式(6.8)来确定 θ 的数值。开尔文建议采取后一种方法先选定一个简单的函数形式 $F(T)=CT$，再根据式(6.8)来确定温度 T 的数值。于是，由式(6.8)有

$$\frac{Q_1}{Q_2}=\frac{\varphi(\theta_1)}{\varphi(\theta_2)}=\frac{F(T_1)}{F(T_2)}=\frac{T_1}{T_2}$$

即

$$\frac{Q_1}{Q_2}=\frac{T_1}{T_2} \tag{6.9}$$

这样规定的温标称为热力学温标或开尔文温标，按这种温标确定的温度称为热力学温度。由式(6.9)可知，两个热源的热力学温度的比值被定义为在这两个热源之间工作的可逆热机所吸收和放出的热量的比值。

式(6.9)只定义了两个热力学温度的比值，还必须附加另外一个条件才能使上述热力学温度的定义具体而又完善。1954 年国际计量会议选定水的三相点的温度为 $T_{tr}=273.16\ \text{K}$ 作为完全确定热力学温标的条件。这样定出的热力学温度的单位“开尔文”(K)就是水的三相点的热力学温度的 $\frac{1}{273.16}$。于是，对于工作在温度为 T 与 T_{tr} 的两个热源之间的可逆热机来说则有

$$\frac{T}{T_{tr}}=\frac{Q}{Q_{tr}}$$

即

$$T=273.16\text{K}\cdot\frac{Q}{Q_{tr}} \tag{6.10}$$

根据此式即可求出待测物体的热力学温度。

根据式(6.10)，可以利用如图 6.6 所示的测温装置来确定这种温标。以待测温的物体作为高温热源，以处于三相平衡状态的水为低温热源(如待测温物体的温度低于水的三相点温度，则将此物体作为低温热源而把处于三相平衡态的水作为高温热源)，在此二热源间安置一个以任意物质为工质的可逆热机，测出在一循环过程中从高温热源吸收的热量 Q 和向低温热源放出的热量 Q_{tr}，即可由式(6.10)求出待测温度 T。

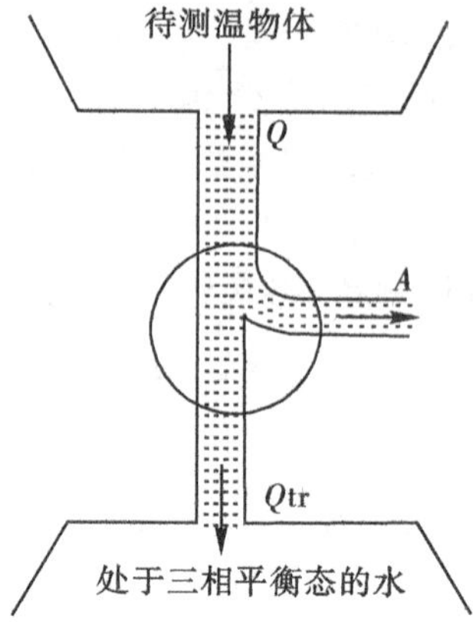

图 6.6 利用热力学温标进行测温的假想装置

由式(6.10)可以看出,在热力学温标中,热量 Q 起着测温参量的作用,其比值 Q/Q_{tr} 并不依赖于任何物质的特性,因此相对于 1.3 所述的经验温标,热力学温标与测温物质无关,从而具有绝对性的意义。

6.4.2 热力学温标与理想气体温标的关系

热力学温标是一种理论温标,想要应用式(6.9)或式(6.10)的定义去直接测定热力学温度是不可能的。因为可逆变化实际上无法实现,根本不可能制造出一个完善的可逆热机并测出它所吸收的热量和放出的热量之比。

然而可以证明,当选定统一的标度法时,按热力学温标测定的温度 T 和按理想气体温标测定的温度 $T_{理}$ 是相同的。在卡诺循环中,以理想气体为工作物质的卡诺热机的效率为

$$\eta = 1 - \frac{T_{1理}}{T_{2理}} \tag{6.11}$$

式中,$T_{1理}$、$T_{2理}$ 是由理想气体温标所确定的温度。由热机效率公式和式(6.9)可得

$$\eta = 1 - \frac{T_2}{T_1}$$

这里的 T_1、T_2 却是由热力学温标所确定的温度。于是,由上两式可知

$$\frac{T_2}{T_1} = \frac{T_{2理}}{T_{1理}}$$

这表明热力学温标的两个温度之比等于理想气体温标的两个相应温度之比。而且由于热力学温标和理想气体温标的标度法相同,都将水的三相点的温度值定为 273.16 K,即 $T_{tr} = T_{tr理} = 273.16$ K,所以由

$$\frac{T}{T_{tr}} = \frac{T_{理}}{T_{tr理}}$$

得出

$$T = T_{理} \tag{6.12}$$

这就证明了在理想气体温标能够确定的温度范围内,热力学温标与理想气体温标标定的温度数值相等,因此,可以用理想气体温标来实现热力学温标。由于实际气体不是理想气体,所以用实际气体温度计测量温度时需要对测量值进行修正。

6.5　态函数熵

为了定量表述热力学第二定律，现在简要介绍熵的概念。热力学第二定律指出，自然界一切与热现象有关的实际宏观过程都是不可逆的。一个热力学系统，如果经历一个不可逆过程从初态变到终态，则不论通过什么途径都不能使其回到初态而不引起任何其他变化。可见这种过程的不可逆性并非来自过程进行的方式，而是反映出系统在初态和终态的某种性质的不同，这种性质只由系统所处的状态决定而与过程进行的方式无关。由此可以预期，根据热力学第二定律有可能找到个新的态函数，它在初、终两态的不同数值，可被用来做为过程进行方向的数学判据。在前面，根据热力学第零定律，确定了态函数温度，它是物体冷热程度的量度；根据热力学第一定律，确定了态函数内能。克劳修斯根据卡诺定理引入态函数熵。下面介绍这个被称为“熵”的新态函数，并且用态函数熵来定量地表述热力学第二定律。

6.5.1　克劳修斯等式

克劳修斯在研究可逆卡诺机时发现，当卡诺机完成一个循环动作时，虽然工作物质从高温热源所吸收的热量和它在低温热源所放出的热量是不相等的，但是以热量除以相应的热源温度所得的量值，在整个循环过程中保持恒定。如果将热力学温标的定义式的热量 Q_1、Q_2 看作是代数量时，即当吸热为正，放热为负时，则可将热力学温标的定义式(6.9) 写成

$$\frac{Q_1}{T_1}+\frac{Q_2}{T_2}=0 \tag{6.13}$$

在可逆卡诺热机的整个循环中，由两个等温过程和两个绝热过程构成。对于绝热过程，$Q=0$，从而有热温比 $Q/T=0$。因此，可以把上式理解为：当可逆卡诺机的工作物质从某一初态出发，经历一个循环又回到原来的状态后，在整个可逆卡诺循环四个过程中的热温比 Q/T 之和为零。这个结论可以推广到任意的可逆循环过程，即

$$\oint\frac{\mathrm{d}Q}{T}=0 \tag{6.14}$$

该式称为克劳修斯等式，其中 $\mathrm{d}Q$ 表示系统在一无穷小过程中所吸收的热量，$\oint$ 表示沿着任一可逆循环过程的积分。它表明，在任一可逆循环过程中热温比的积分为 0。

6.5.2　态函数熵

如图 6.7 所示为任一可逆循环过程，A、B 为循环路径上任意选定两点，即两个平衡态，而 C、D 是连接两点的两条不同路径（过程）。如果系统从 A 态经过路径 ACB 到达 B 态，然后在经过路径 BDA 回到 A 态完成一循环，根据式(6.14) 有

$$\oint\frac{\mathrm{d}Q}{T}=\int_{ACB}\frac{\mathrm{d}Q}{T}+\int_{BDA}\frac{\mathrm{d}Q}{T}=0$$

由于可逆过程，有 $\int_{BDA}\frac{\mathrm{d}Q}{T}=-\int_{ADB}\frac{\mathrm{d}Q}{T}$，于是有

$$\int_{ACB}\frac{\mathrm{d}Q}{T}=\int_{ADB}\frac{\mathrm{d}Q}{T} \tag{6.15}$$

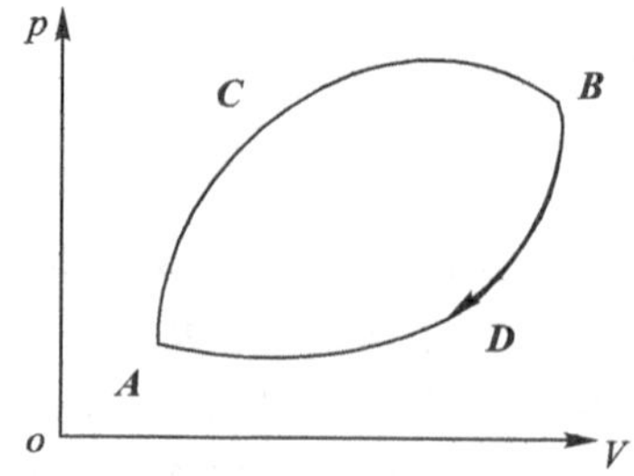

图 6.7　可逆循环过程的积分路径

上式表明，系统的任意两个平衡态 A、B 之间的热温比积分与初态 A 到终态 B 的可逆过程的具体路径无关，而只由所选定的初、终两平衡态 A、B 所决定。

在质点动力学中，曾根据保守力做功与路径无关、只由质点的始末位置决定的特点，即：

$$\oint F \cdot dr = 0$$

引入了质点在初、终两点的态函数势能 $E_p(r)$，其定义为

$$E_{p2} - E_{p1} = -\int_{初}^{终} F \cdot dr$$

在上一章中，又根据热力学系统在绝热过程中的功与做功路径无关只由系统的始末状态决定而引入了态函数内能。同样，根据任一可逆循环过程中热温比的积分特性引入态函数 S，其定义为

$$S - S_0 = \int_A^B \frac{dQ}{T} \tag{6.16}$$

式中，A、B 表示任意给定的两个平衡态，S 称为系统在平衡态 B 的熵，S_0 为任意常数。上式实际上只定义了系统在两态之间的熵差。如果令 $S_0 = 0$，则有

$$S = \int_A^B \frac{dQ}{T} \tag{6.17}$$

对于实际的热力学问题来说，重要的是两态之间的熵的变化。熵的量纲是能量除以温度，其单位有焦耳 / 开尔文(J/K)、卡 / 开尔文(cal/K) 或者尔格 / 开尔文(erg/K)。

对于态函数熵，需要注意以下几点：

(1) 熵是描述系统平衡态的状态参量(如 p,T；p,V 或 T,V) 的函数，当系统的平衡态确定后，熵就完全确定(假定参考态的熵值已选定)。因此，当系统由一个平衡态 A 变化到另一个平衡态 B 时，不论变化过程的具体形式如何，也不论过程是可逆的还是不可逆的，系统的熵的增量 $\Delta S = S_B - S_A$ 是一个完全确定的值。

(2) 熵具有可加性，系统的熵等于系统内各个部分的熵的总和。

(3) 熵 S 不同于热温比的积分 $\int \frac{dQ}{T}$，S 是态函数而 $\int \frac{dQ}{T}$ 则是在一个可逆过程中系统的熵的增量 ΔS 的量度。熵增量 ΔS 也不同于热温比的积分 $\int \frac{dQ}{T}$，二者只在可逆过程中才有数值相等的关系。

6.5.3　熵的微观定义

1877 年玻耳兹曼首先论证了系统的熵 S 与其微观上的混乱程度相关，并定量上指出它与

某一宏观态所对应的微观状态数 W 之间的关系为

$$S = k\ln W \tag{6.18}$$

式中 k 是玻耳兹曼常量，微观状态数 W 也称为该宏观状态的热力学概率，此式叫做玻耳兹曼公式。

对于一个系统的某一宏观状态都有一个热力学概率 W 值与之对应，因而也就有一个熵 S 值与之对应，因此由式(6.18) 定义的熵是系统状态的函数。系统所含微观状态数目越多，则其熵就越大。因此，我们可以把熵 S 看成是系统无序性大小的量度，这就是熵的微观意义。熵的量纲与 k 的量纲相同，即为焦耳 / 开尔文($J\cdot K^{-1}$)。基于熵的微观定义，目前熵的应用已远远超出了物理学的领域，也为信息、控制、决策、生物、医学等许多学科所应用。

下面用熵的玻耳兹曼公式计算理想气体绝热自由膨胀过程中熵的改变量。设 γ 摩尔理想气体，体积从 V_1 自由膨胀到 V_2，因为理想气体在自由膨胀过程前后温度不变，所以分子的速度分布不变，只是位置分布改变。因此可以只按位置分布来计算气体的热力学概率。设想把容器空间分割成许多大小相等的小体积，则每个分子在任一小体积中出现的机会均等。假定 V_1 中包含有 n 个小体积，则 V_2 中包含的小体积数为 $\frac{V_2}{V_1}n$。一个分子在 V_1 中有 n 个微观态，在 V_2 中就有 $\frac{V_2}{V_1}n$ 个微观态。当气体体积由 V_1 膨胀到 V_2 时，一个分子微观态数将增大 $\frac{V_2}{V_1}$ 倍，而整个气体(γN_0 个分子) 的微观态数将增大 $\left(\frac{V_2}{V_1}\right)^{\gamma N_0}$，即 $\frac{W_2}{W_1} = \left(\frac{V_2}{V_1}\right)^{\gamma N_0}$。所以在体积由 V_1 到 V_2 的自由膨胀过程中，理想气体的熵的增量是

$$\Delta S = S_2 - S_1 = \gamma N_0 k\ln\frac{V_2}{V_1} = \gamma R\ln\frac{V_2}{V_1} \tag{6.19}$$

因为 $V_2 > V_1$，所以

$$\Delta S > 0$$

这一结果也说明理想气体绝热自由膨胀过程是不可逆过程，是熵增加的过程。

注意到，式(6.19) 分子分母同乘以 T，可写为

$$\Delta S = \frac{\gamma RT\ln(V_2/V_1)}{T}$$

等号右侧分子是可逆等温膨胀过程中系统从初态到达末态时从外界吸收的热量 Q_T。因此上式可改写为

$$\Delta S = \frac{Q_T}{T} \tag{6.20}$$

对于无限小的可逆等温过程，则有

$$\mathrm{d}S = \frac{\mathrm{d}Q}{T}$$

式(6.20) 是从理想气体的自由膨胀这一特殊情况下导出的，与克劳修斯等式的微分表达式一致。

6.5.4　热力学第二定律的数学表述

引入了熵的概念之后，现在可利用态函数熵来表述热力学第二定律，即

$$S - S_0 \geqslant \int_A^B \frac{dQ}{T} \tag{6.21}$$

其中等号对应的是可逆过程，大于号对应的是不可逆过程。

另外，根据热力学第一定律，$dQ = dU + pdV$，上式还可以写成

$$\Delta S \geqslant \int_1^2 dS = \int_1^2 \frac{dU + pdV}{T},$$

因此对于无限小过程，有

$$TdS \geqslant dU + pdV \tag{6.22}$$

式(6.22)为热力学第二定律的基本微分方程，其中等号对应的是可逆过程，大于号对应的是不可逆过程。

内能和熵都是系统的态函数，两者都表示了状态的物理性质，但两者不能相互取代。熵的单方向变化性质可以用来判断过程进行的方向，而内能则不能做到这一点。对于理想气体自由膨胀过程，熵是增加的，反映了过程自动进行的方向，而内能却没有变化。

例 6.1 求理想气体的态函数熵。

解 由理想气体的状态方程为 $pV = \nu RT$；以及理想气体的内能公式 $dU = \nu C_v dT$，因理想气体在微元过程中有 $dQ = dU + pdV$，根据熵的定义有，

$$dS = \frac{dU + pdV}{T} = \nu C_v \frac{dT}{T} + \nu R \frac{dV}{V}$$

求积分，即得一摩尔理想气体的熵为

$$S = \nu \int_{T_0}^{T} C_v \frac{dT}{T} + \nu R \ln \frac{V}{V_0} + S_0$$

其中 S_0 为一摩尔理想气体在参考态(T_0, V_0)的熵。

如果温度变化范围不大，C_v 可视为常量，则积分为

$$S = \nu C_v \ln T + \nu R \ln V + (S_0 - \nu C_v \ln T_0 - \nu R \ln V_0)$$

此即以 T,V 参量表示的理想气体的熵的表达式。如果气体从态 a 变到态 b，则其熵的增量为

$$\Delta S = S_b - S_b = \nu C_v \ln \frac{T_b}{T_a} + \nu R \ln \frac{V_b}{V_a}$$

例 6.2 试求理想气体向真空膨胀的熵变。

解 根据热力学第一定律和理想气体内能仅为温度的函数这一关系，可知理想气体向真空膨胀前后温度相同。设初态参量为(T, V_1)，末态参量为(T, V_2)。因理想气体等温过程中 $dU = 0$，因此有 $dQ = pdV$，由式(6.17)有

$$S_2 - S_1 = \int_1^2 \frac{dQ}{T} = \int_{V_1}^{V_2} \frac{pdV}{T} = \nu R \int_{V_1}^{V_2} \frac{dV}{V} = \nu R \ln \frac{V_2}{V_1}$$

由于 $V_2 > V_1$，所以 $S_2 > S_1$，即表明理想气体向真空膨胀过程是不可逆过程，是熵增加的过程。

例 6.3 已知在 0 ℃，1 mol 的冰熔解为 1 mol 的水需收热 6000 J，求在 0 ℃ 时这些冰化为水时的熵变。

解 本过程可看作等温过程，由式(6.17)得 1 mol 0 ℃ 的冰化为同温的水时熵的增量为

$$\Delta S = \int^2 \frac{dQ}{T} = \frac{Q}{T} = \frac{6000}{273} = 22.0\ \mathrm{J \cdot K^{-1}}$$

例 6.4　计算不同温度液体混合后的熵变。质量为 0.30 kg、温度为 90 ℃ 的水，与质量为 0.70 kg、温度为 20 ℃ 的水混合后，最后达到平衡状态，试求水的熵变。设整个系统与外界间无能量传递。

解　系统为孤立系统，混合是不可逆的等压过程。为计算熵变，可假设一可逆等压混合过程。设平衡时水温为 T，水的定压比热容为 $C_p = 4.18 \times 10^3 \text{J} \cdot \text{kg}^{-1} \cdot \text{K}^{-1}$，有能量守恒得

$$0.30 \times C_p \times (363K - T) = 0.70 \times C_p \times (T - 293\ \text{K})$$

解得平衡时温度 $T = 314\text{K}$。各部分热水的熵变为

$$\Delta S_1 = \int \frac{\mathrm{d}Q}{T} = m_1 C_p \int_{T_1}^{T_0} \frac{\mathrm{d}T}{T} = m_1 C_p \ln \frac{T_0}{T_1} = -182\ \text{J} \cdot \text{K}^{-1}$$

$$\Delta S_2 = \int \frac{\mathrm{d}Q}{T} = m_2 C_p \int_{T_2}^{T_0} \frac{\mathrm{d}T}{T} = m_2 C_p \ln \frac{T_0}{T_2} = 203\ \text{J} \cdot \text{K}^{-1}$$

$$\Delta S = \Delta S_1 + \Delta S_2 = 21\ \text{J} \cdot \text{K}^{-1}$$

显然孤立系统中不同温度液体混合过程是不可逆过程。

6.6　熵增加原理及其应用

6.6.1　熵增加原理

由热力学第二定律的统计意义可知：一个不受外界影响的孤立系统，其内部发生的过程，总是由几率小的状态向几率大的状态进行。由于熵是系统的状态函数，所以熵与内能相似，具有重要意义的并非某一平衡态的数值，而是初、末态的熵增量（称为熵变）。显然，熵增量仅由初、末态决定，而与过程无关。由式(6.18)有

$$\Delta S = k\ln W_2 - k\ln W_1 = k\ln \frac{W_2}{W_1}$$

对于孤立系统内一切实际过程（不可逆过程），末态包含的微观态数比初态多，即 $W_2 > W_1$，所以 $\Delta S > 0$，这表明，孤立系统内的实际过程总是沿着熵增大的方向进行的，直到系统的熵达到最大值而处于平衡态为止。孤立系统在理想的可逆过程中，初、末态所含的微观态数相等，即 $W_2 = W_1$，所以 $\Delta S = 0$，这表明，孤立系统在可逆过程中熵保持不变。

由此得出结论：孤立系统的熵永不减少，即

$$\Delta S \geqslant 0 \tag{6.23}$$

式中等号仅适用于可逆过程。这一结论称为熵增原理。它给出热力学第二定律一种定量表述，为判断过程方向提供了定量依据，是热力学第二定律的数学表达式。

可以用熵增加原理来判定孤立系统内热力学过程自动进行的方向。前面已经计算了理想气体绝热自由膨胀过程是熵增加的过程。因此，根据熵增加原理可以判定这理想气体绝热自由膨胀过程是一不可逆过程。

下面由熵增加原理来判断热传导过程的不可逆性。设有 A、B 两种气体构成一孤立系统，它们的温度分别为 T_A 和 $T_B(< T_A)$，但两温度差别很小，当两气体接触而发生热传导过程时，假定温度较高的 A 气体传给温度较低的 B 气体的热量为 Q，于是，A 的熵增量

$$\Delta S_A = \frac{-Q}{T_A} < 0$$

B 的熵增量

$$\Delta S_B = \frac{Q}{T_B} > 0$$

可得系统熵的总增量为

$$\Delta S = \Delta S_A + \Delta S_B = \frac{-Q}{T_A} + \frac{Q}{T_B}$$

因 $T_B < T_A$，故知

$$\Delta S > 0$$

这过程符合熵增加原理，因而上述假定的热量由温度较高的 A 气体传向温度较低的 B 气体是可以实现的。如果假定热量从温度较低的 B 气体传向温度较高的 A 气体，则 $\Delta S < 0$，违反熵增加原理，说明这过程不能实现。于是我们由熵增加原理证明了热传导过程的不可逆性。

从以上例子可见，尽管整个孤立系统中不可逆过程的熵是增加的，但是对于系统的一部分，因为它已不再是孤立系统，所以熵可能是增加，也可能是减少的，而不一定总是增加的。当过程进行到两物体温度相同后，$\Delta S = 0$，即热传导过程终止了。

由熵增加原理还可直接给出功变热过程的不可逆性，即不可能从单一热源吸取热量使之完全变为有用的功而不产生其他影响。因为若此论断不成立，则可将此热机和热源看成一个孤立系统，在一个循环中，热机的工作物质恢复原状，熵不改变，而热源放出了热量，熵减少了，这样对整个系统来说，总熵减少。这违背了熵增加原理，因而单一热源的热机不可能实现，这就说明了功变热的过程是不可逆的。

6.6.2 熵与能量

能量对人类和自然界的生存和发展有着十分重要的作用。如何充分利用有限的能源来为人类做更多的功呢?下面讨论一下熵与能量的关系问题。

由热力学第一定律：$Q = U_2 - U_1 + A$ 和等温过程的熵变公式：$S_2 - S_1 = Q/T$，可以得到系统对外作功

$$A = (E_1 - TS_1) - (E_2 - TS_2) = F_1 - F_2 \tag{6.24}$$

式中，$F \equiv E - TS$ 称为自由能(可资利用的能)，TS 称为束缚能。系统的内能是由自由能和束缚能两部分组成的，能用来对外作功的只是内能中的自由能，束缚能是不能用来对外做功的。束缚能和熵成正比，系统的熵越大，则束缚能就越大；束缚能越大，则其自由能就越小。式(6.24)表明，系统在等温过程中对外做的功等于其自由能的减少。自由能的减少意味着能量做功本领的减少，这时就说能量退化了，品质变差了。从上可见，自然界中虽然能量是守恒的，但其质却随着熵的增加而变坏。因此可以将熵理解为是能量品质变坏的量度。在考虑能量利用时，不仅要考虑它的量，而且还要考虑它的质，要尽可能减少熵的增加。

6.6.3 信息熵

当今社会是信息社会。那么，什么是信息呢?信息无非是被传递或交流的一组语言、文字、符号或图景所蕴含的内容。在日常生活中，信息含有消息的意思。报纸新闻、电视、电话、天气预报等都携带着信息。信息不仅包含人类所有的文化知识，还概括我们五官所感受的一切。信息

是人类认识世界和改造世界的知识源泉。人类社会发展的速度,在一定程度上取决于人类对信息利用的水平。信息和物质、能量一样,在人类社会里有其重要的地位。

信息的内容有量的差别,也有质的不同。短短的一首名诗和一本无聊的作品相比,所含的信息的价值,无法比拟。不问信息的质,只计信息的量,就像电报局不问其内容,只计其字数一样,这是信息论的基本出发点。信息论研究的是信息量以及信息转换、存贮、传输所遵循的规律。

在日常生活中,我们常说缺乏信息指的是情况不明。例如,如果一件事物的发展结局的可能性越多,就表明这件事情的不确定度越高,因而我们就越难以抉择。通常事物有多种可能性,最简单的是只有两种可能性,例如是和否,有和无,计算机二进制中 0 和 1 等,在没有信息的情况下,每种可能性出现的概率都是 1/2。1948 年信息论的创始人香农(*C. E. Shannon*)从概率的角度给出了信息量的定义。在信息论中,把从两种可能性中作出判断所需的信息量作为信息量的单位,叫做 1 比特(bit),它是二进位数(*binarg digit*)一词的缩写。从四种可能性中作出判断需要 2bit 的信息量,从八种可能性中作出判断需要 3bit 的信息量。一般地说,从 N 种可能性中作出判断需要的比特数为

$$n = \log_2 N = \frac{1}{\ln 2}\ln N = K\ln N$$

其中 $K = 1/\ln 2 = 1.443$. 如果用概率来表示,在对 N 种可能性完全无知的情况下,假定每种可能性的概率相等,则概率 P 都是 $1/N$,$\ln P = -\ln N$,这时作出完全判断所缺少的信息量为

$$S = -K\ln P \tag{6.25}$$

香农把这叫做信息熵,它意味着信息量的缺损。对于概率不等的情况,信息论中给信息熵的定义是

$$S = -K\sum_{a=0}^{N} P_a \ln P_a \tag{6.26}$$

此式表示,如果有 $a = 1、2、\cdots、N$ 等 N 种可能性,各种可能性的概率是 P_a,则信息熵等于各种情况的信息熵 $-K\ln P_a$ 按概率 P_a 的加权平均。如果所有的 $P_a = 1/N$,则式(6.26) 回到式(6.25)。

下面以天气预报为例,探讨一下信息量与信息熵的关系。天气预报说今天有雨,我们获得 1bit 的信息量。如果说下雨概率为 80%,这意味着 $P_1 = 0.8$,不下雨概率 $P_1 = 0.2$。据式(6.26) 信息熵为

$$S = -K(P_1\ln P_1 + P_2\ln P_2) = -\frac{1}{\ln 2}(0.8\times\ln 0.8 + 0.2\times\ln 0.2)$$
$$= 0.722\text{bit}$$

即比全部所需信息 1*bit* 还少 0.722bit,所以该天气预报所含的信息量为 $I = 1 - S = 0.278$bit。同理,如果说下雨概率为 90%,则 $S = 0.469$,信息量为 0.531bit。由此可见信息熵的减少意味着信息量的增加。信息量与信息熵之和是守恒的

$$I + S = I_{\max} = -S_{\max}$$

有

$$\Delta I = -\Delta S$$

这表示获得的信息量越大,则其信息熵越小,即所谓信息有所得,则熵必有所失,而且得失

总是相抵。信息量相当于负熵。换句话说，信息熵越大，则表示所获得的信息量越少，所缺损的信息量越大。所以前面说，信息熵意味着信息量的缺损。

式(6.25)信息熵可以表示为

$$S = K\ln N$$

与式(6.18)玻耳兹曼熵公式对比

$$S = k\ln W$$

两式非常类似，只是比例系数和单位不同。热学中，比例系数 $k = 1.38\times10^{-23}\,\mathrm{J\cdot K^{-1}}$，熵的单位是 $\mathrm{J\cdot K^{-1}}$；信息论中，比例系数 $K = 1/\ln2 = 1.443\mathrm{bit}$，熵的单位为 bit。对比有

$$1\mathrm{bit} = K\ln2 \Leftrightarrow k\ln2 = 0.957\times10^{-23}\,\mathrm{J\cdot K^{-1}}$$

这表明获得 1bit 的信息量，相当于热力学熵减少约 $10^{-23}\,\mathrm{J\cdot K^{-1}}$。

信息熵提出后，熵的概念已全面进入信息科学、社会科学、生命科学、宇宙科学等各个领域及部门。有关生命依赖负熵为生，信息熵与遗传密码等话题很多，可查阅有关资料。下面再介绍一个用信息熵抉择的例子。

有 13 个外观完全一样的金币，其中有一个是假的。真假金币的区别在于重量，而所有真金币的重量都是一样的。现在问用一台无砝码的天平，最少要称几次才能将假币捡测出来？由于 13 个金币每一个都有两种可能性：不是真的就是假的。本事件共有 26 种可能性(微观态)，$N = 26$。所以信息熵为

$$S = \log_2 26 = 4.7\mathrm{bit}$$

由于天平无砝码，称重时两边必须放置同样数目的金币才能比较，这样天平可能出现两端平衡、左重右轻或左轻右重三种状态，有三种可能性，$N = 3$，每称一次所获的信息熵为 $S_1 = \log_2 3 = 1.58\mathrm{bit}$。因此要获得 4.7bit 的信息熵，则为最少称重次数

$$n = \frac{S}{S_1} = \frac{4.7}{1.58} = 3$$

第 6 章思考题

1. 把热力学第二定律开尔文表述说成是“不可能从单一热源吸收热量，使之完全变为有用的功”，把克劳修斯表述说成是“热量不可能由低温物体传到高温物体”，可以吗？为什么？

2. 普朗克针对焦耳热功当量实验提出：不可能制造一个机器，在循环动作中把一物体升高而同时使一热库冷却。这就是热力学第二定律的普朗克表述。试由开尔文表述论证这一表述成立。

3. 什么是可逆过程和不可逆过程？试列举日常生活中哪些过程是不可逆过程。

4. 试由热力学第二定律及欧姆定律说明，在导体中通入有限大小电流的过程是不可逆的。

5. 为什么热力学第二定律可以有许多不同的表述？

6. 为提高热机效率，为什么实际上总是设法提高高温热源的温度，而不从降低低温热源的温度来考虑。

7. 系统中分子热运动的无序程度、可能微观态数以及过程的不可逆性等与熵之间有什么联系？

8. 热力学第二定律的统计意义是什么?

9. 什么是熵和熵增加原理?

10. 试由卡诺定理说明熵增加原理。

第 6 章练习题

1. 一热机每秒从 $T_1=600$ K 高温热源吸取热量 $Q_1=3.34\times10^4$ J,做功后向 $T_2=300$ K 低温热源放出热量 $Q_2=2.09\times10^4$ J,它的效率是多少?是否为可逆机?如果尽可能地提高热机的效率,每秒从高温热源吸热 3.34×10^4 J,则每秒最多能做功?

2. 如题 6.2 图所示的循环过程是否能实现?试分别根据热力学第二定律和组成此循环的等温线和绝热线的特点做出判断。

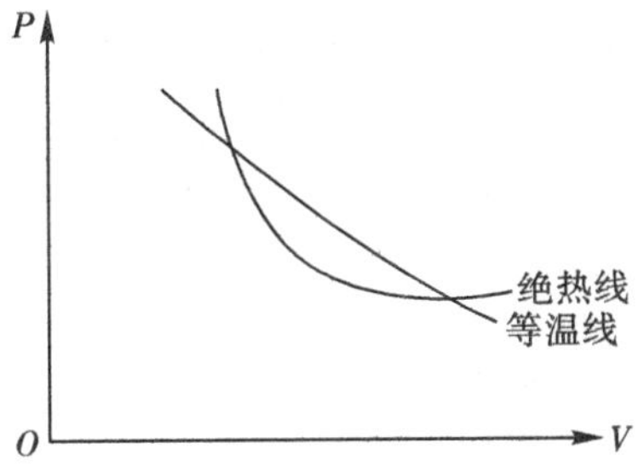

题 6.2 图

3. 理想气体做卡诺循环,设热源温度为 127 ℃,每循环一次吸入热量418 J,放给冷却器热量 334 J,求冷却器的温度。

4. 有可能利用表层海水和深层海水的温差来制成热机。已知热带水域的表层水温约 25 ℃,300 m 深层水温约 5 ℃。(1) 在这两个温度之间工作的卡诺热机的效率多大?(2) 如果一电站在此最大理论效率下工作时获得的机械效率为 1MW,它将以何种速率排除废热?(3) 此电站获得的机械功和排除的废热均来自 25 ℃ 的水冷却到 5 ℃ 所放出的热量,问此电站每小时能取用多少吨 25 ℃ 的表层水(设海水的比热容为 4.2 $\text{kJ}\cdot\text{kg}^{-1}\cdot\text{K}^{-1}$)?

5. 不同的热机工作于 $T_1=600$ K 的高温热源及 $T_2=300$ K 的低温热源之间。求下列三种情况下,当热机从高温热源吸热 $Q_1=300$ kJ 时,两热源的总熵变 $\triangle S$。

(1) 可逆热机效率 $\eta=0.5$;

(2) 不可逆热机效率 $\eta=0.45$;

(3) 不可逆热机效率 $\eta=0.4$。

6. 把质量为 5 kg,比热容(单位质量物质的热容)为 544 $\text{J}\cdot\text{kg}^{-1}$ 的铁棒加热到 300 ℃,然后浸入一大桶27 ℃ 的水中,求在这冷却过程中铁的熵变。

7. 在冬日一房子的散热的速率为 2×10^8 $\text{J}\cdot\text{h}^{-1}$,设室内温度为 20 ℃,室外温度为 −20 ℃,求散热过程产生熵的速率。

8. (1) 在夏季为了使室内保持凉爽,须将热量以 2000 $\text{J}\cdot\text{s}^{-1}$ 的散热率排至室外,此项用制冷机完成。设室温为 27 ℃,室外为 37 ℃,求制冷机所需的最小功率。

(2) 冬天将上述制冷机用做热泵，使它从室外吸热传至室内而保持室内温暖。设冬天室外温度为 -3 ℃，室内须保持 27 ℃，仍用(1) 给的功率，则每秒给室内的最大热量是多少？

9. 证明两条绝热线不能相交。

10. 1.0×10^{-2} kg氮气向真空自由膨胀，膨胀后的体积是原来体积的2倍，求熵的增量。(氮气视为理想气体)。

11. 已知在 0 ℃，1 mol 的冰熔解为 1 mol 的水需要吸热 6000 J，求：

(1) 在 0 ℃ 时这些冰化为水时的熵变；

(2)0 ℃ 时这些水的微观状态数与冰的微观状态数之比。

12. 在 1 atm 下，将 10g、27 ℃ 的水与 10 g、87 ℃ 的水混合，求二者的总熵变。已知水的 $C_p = 4.18\ \mathrm{J\cdot g^{-1}\cdot K^{-1}}$。

13. 试求：(1)1 kg，0 ℃ 的水放到 100 ℃ 恒温热库上，最后达到平衡，求这一过程引起的水和恒温热库组成的系统的熵变，是增加还是减少？(2) 如果 1 kg，0 ℃ 的水先放到 50 ℃ 恒温热库上使之达到平衡，然后再把它移到 100 ℃ 恒温热库上使之平衡，求这一过程引起的整个系统的熵变(水的比热容为 $C = 4.2\ \mathrm{kJ\cdot kg^{-1}\cdot K^{-1}}$)。

14. 1 mol 理想气体从初态 p_1、V_1 绝热自由膨胀到终态 p_2、V_2，已知：$V_2 = 2V_1$，试求：(1) 气体对外做功；(2) 气体内能增量；(3) 气体熵的增量。

15. 有 2 mol 的理想气体在温度为 300 K 时经历一可逆的等温过程，其体积从 0.02 m^3 膨胀到 0.04 m^3，求这一过程中的熵变。

第 7 章

物态及其相变

构成物质的分子的聚合态称物质的凝聚态，简称物态。在通常条件下，物质有三种不同的凝聚态：气态、液态和固态。气体没有一定的形状，易于压缩，且有流动性。气态的性质已经在前面做了详细介绍。固态也称为固体，其主要特征是它具有固定的形状，不易被压缩。固体主要分为晶体和非晶体两大类。液体的宏观性质居于固体和气体之间，它一方面像固体那样有一定的体积，不易压缩，另一方面又像气体那样没有一定的形状，具有流动性。相指的是在没有外力作用下，物理、化学性质完全相同、成分相同的均匀物质的聚集态。物质从一个相转变为另一个相的过程称为相变。相变过程也是物质结构发生突然变化的过程，都伴随有某些物理性质的突然变化。

关于固体，本章主要介绍晶体的宏观特性、微观结构和晶体中粒子的结合力性质；关于液体，主要介绍液体的表面张力现象及其相关问题；关于相变，主要讨论三种不同聚集态之间相互转化条件、规律及其应用；其中着重讨论气液相变，通过气液转变的讨论，掌握物态变化的一般概念及规律，然后讨论固液相变和固气相变。

7.1 固体

固体材料在科学研究、生产和生活中占有非常重要的地位。基于新材料和新器件的不断涌现，近代尖端技术如原子能技术、航天技术、计算技术、通信技术和激光技术等才得以飞速发展；这些尖端技术也反过来进一步促进新材料和新器件的发展。这些新材料和新器件的研究和应用主要涉及了固体的力学、热学、电学、光学等各种性质，以及在超低温、超高压、超强电磁场等特殊条件下的各种性质。人们在研究固体材料的结构、组成固体的粒子(原子、离子、电子等)之间的相互作用和运动规律，从而阐明固体各种性质的过程中，已逐步发展起了一门新的学科— 固体物理学。固体物理学是一门建立在理论物理基础上，与实际应用密切相关的基础理论课。这个理论用于实际取得了多方面的成功，发展十分迅速。近年来，固体物理学的研究领域有了很大的扩展，其研究对象已涉及非晶态固体、液体、液晶及超流体等，因此这门学科又称为凝聚态物理。

固态也称为固体，其主要特征是它具有保持自己一定的体积(这与气态不同) 和一定的形状(又与液态不同) 的能力。固态分为晶体、非晶体两大类。岩盐、云母、明矾、水晶、冰、金属等都是晶体；玻璃、松脂、沥青、橡胶、塑料、人造丝等都是非晶体。从本质上讲，非晶体是粘滞性很大的液体。

7.1.1 晶体的宏观特性

单晶体具有下述的宏观特性：有规则的几何外形；各向异性的物理性质；有固定的熔点。

1. 晶体具有规则的几何外形

仔细观察一些物质，如岩盐、冰、石英(水晶)、云母等就会发现，它们都有规则的几何形状，都是由若干平面围成的凸多面体，如图 7.1、7.2、7.3 所示。围成这样一个凸多面体的面称为晶面，晶面的交线称为晶棱，晶棱的汇集点称为定点。同一种晶体的外形，尽管表面上看来很不一样，但却有共同的特点，即各相应晶面间的夹角恒定不变，这条规律称为晶面角守恒定律。

例如，氯化钠晶体，无论是立方体、八面体还是八面混合体，各晶面的夹角都是 90°，如图 7.1 所示；石英晶体，a、b 面间的夹角总是 141°47′，b、c 面间的夹角总是 120°，a、c 面间的夹角总是 113°08′，如图 7.2 所示；方解石，a、b、c 面间的夹角为 78°5′ 或者 101°55′，如图 7.3 所示。

晶面角守恒定律是晶体学中最重要的定律之一，是鉴别各种矿石的重要依据。

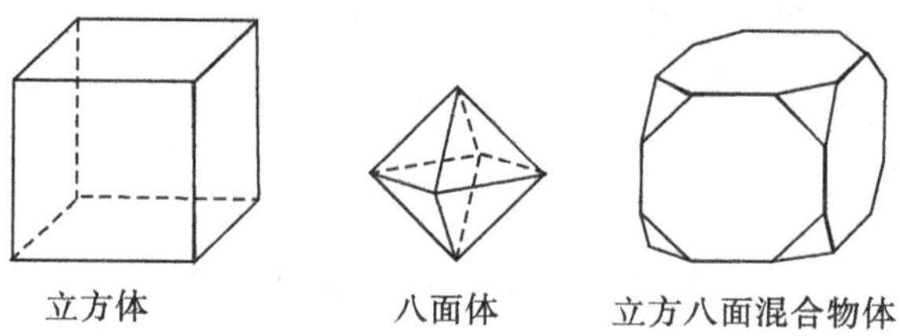

图 7.1 NaCl 晶体外形

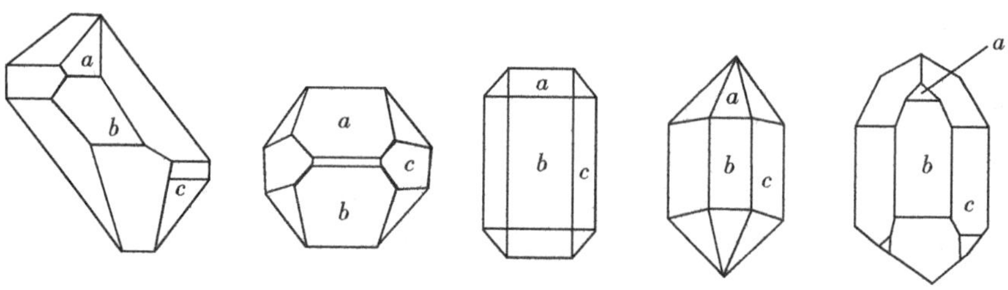

图 7.2 石英晶体外形

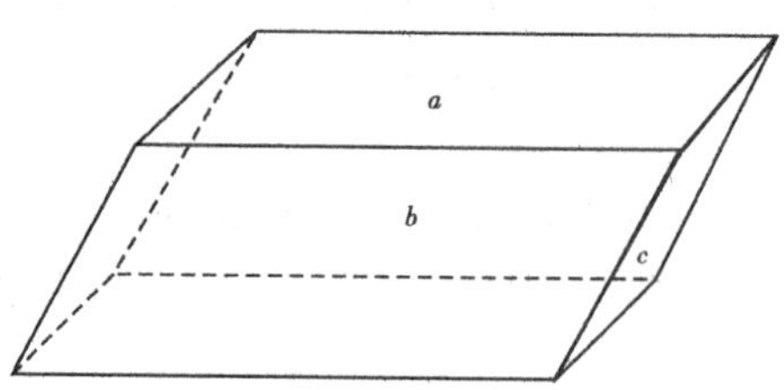

图 7.3 方解石晶体外形

2. 晶体具有各向异性的特性

实验发现，一块均匀的晶体，在不同的方向上可以有不同的物理性质，如力学性质(包括硬度、弹性模量)、热学性质(热膨胀系数、导热系数)、电学性质(介电常数、电阻率)和光学性质(吸收系数、折射率)。

例如从力学性质看，晶体沿一定的平面易于裂开。晶体的这种易于断裂的平面称为解理面。解理面的存在表明晶体在不同方向上强度不同，即力学性质不同。这就是云母易裂成薄片的原因。又如，在一片云母和一片玻璃的一面各涂上一层薄薄的石蜡，然后分别用一根烧热的针尖去接触二者的另一面，结果熔化的石蜡在玻璃上呈圆形而在云母上呈椭圆形，如图7.4所示，这说明云母在不同方向上导热性不同。再如，方解石有双折射现象，这是光学各向异性的例子。

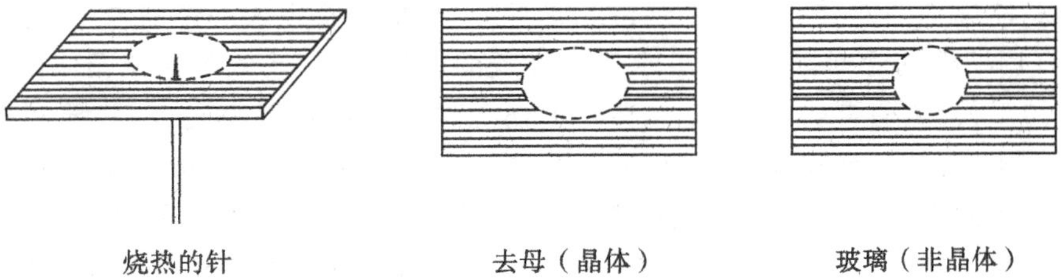

图7.4　晶体导热系数的各向异性

3. 晶体具有固定的熔点和溶解热

实验表明，在一定压强下加热晶体时，可以得到如图7.5(a)所示的熔化曲线，图中 ab 段表示晶体吸热而温度升高。但到达 b 点所代表的状态，即温度升高到 T_0 时，晶体开始熔解，在整个 bc 段温度保持为 T_0，只是固态部分逐渐减少，液态部分逐渐增多，直到 c 点所代表的状态，物质全部变为液态。再继续加热，液体温度才逐渐上升(cd 段)。T_0 称作晶体在该压强下的熔点。晶体在一定的压强下有固定的熔点，这是晶体的一个重要的宏观特性。图7.5(b)表示1 kg的冰在加热过程中所发生的温度变化。

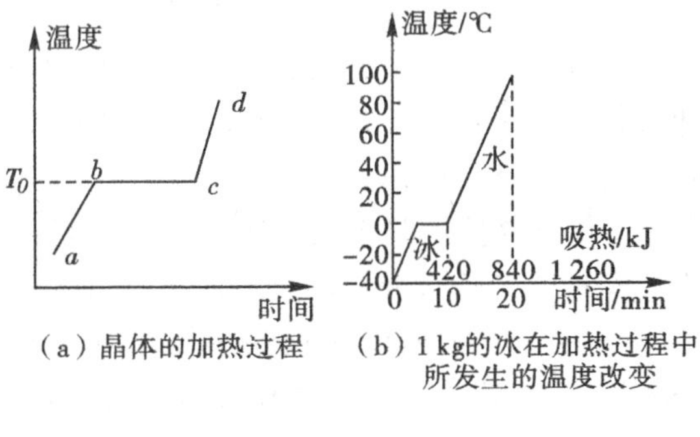

图7.5　晶体具有固定的熔点和溶解热

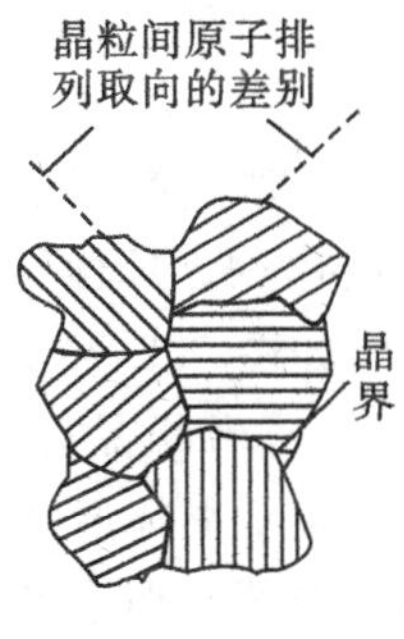

图7.6　多晶示意图

7.1.2　多晶

多晶也是晶体，但它没有规则的外形，且物理性质各向同性。这是因为多晶是由许许多多的单晶组成的，虽然每个小单晶各向异性，但它们在空间的排列却是无规则的，从而使多晶在整体上表现出各向同性。金属是一种典型的多晶。用

金相显微镜观察被磨光了的金属表面，可以看到金属的晶粒，如图7.6。它们的线度一般为 $10^{-4}\sim10^{-3}$ cm，每立方厘米金属中至少有1000万个晶粒。在一定的压强下金属也有固定的熔点。表7.1列出了几种金属的熔点。

表 7.1 几种金属的熔点

物质	铝	钨	铁	钢	铜	锡	铅
熔点 /℃	659	3357	1528	1300 — 1400	1083	212	327

7.1.3 晶体的微观结构

根据单晶体规则的外形和各向异性的物理性质，人们预言组成晶体的粒子（原子、离子、电子）可能具有周期性的规则排列。1895 年伦琴发现的 X 射线，它为人类探测晶体微观结构提供了一个有力的工具。实验事实表明，光在传播方向上遇到障碍物或小孔后，只要障碍物或孔的大小可与波长相比拟时，光就发生衍射。X 射线的波长数量级为 10^{-8} cm，而构成晶体的粒子间距离的数量级也为 10^{-8} cm，因而 X 射线照射到晶体上就会发生衍射现象。1912 年劳埃首次观测到了晶体对 X 射线的衍射现象。晶体的 X 射线衍射确切地证实了晶体内部粒子规则排列的假设。现在已能直接用电子显微镜对晶体内部结构进行观察和照相，这对研究晶体内部结构提供了极大的方便。

晶体的规则排列有两个特点：一是周期性；二是对称性。这两个方面的研究构成晶体几何学的内容。

通常从实际晶体中抽象出一种理想模型 —— 晶体的空间点阵来进行研究晶体内部粒子规则排列的具体情况。用点表示晶体粒子（分子、原子、离子或原子集团）的质心，这些点在空间的排列具有周期性，表示晶体粒子质心所在位置的这些点称为阵点，这种表征晶体粒子空间排列的周期性的点系就称为空间点阵。实际上组成晶体点阵的粒子是紧密堆积的，如氯化钠晶体的钠离子和氯离子可以用互相挨着的圆球表示，如图 7.7(a) 所示。为了易于理解，在图示时通常将两个相邻微粒间的距离加以延长，如图 7.7(b) 所示。所谓空间点阵的周期性，是指从点阵中任何一个阵点出发，向任何方向延展，经过一段距离以后，如遇到另一个阵点，则再经过相同距离后，一定会遇到第三个阵点，依此类推，如图 7.8 所示。这种距离称为平移周期。在不同的方向上有不同的平移周期。通过某一晶体界面上各结点所作的直线，在该平面上形成一个平行四边形的网，如图 7.9(a) 所示。空间点阵可看作是这些网状平面等距离平行排列而成的，如图 7.9(b) 所示。或者说晶体点阵是由三组平面的交点所组成，在每一组中，各平面平行而等距，这些平面将整个晶体所在的空间分成许多小的平行六面体，在这些平行六面体中，阵点只在各个顶角上，内部和面上都没有阵点，这种体积最小的平行六面体称为晶体点阵的基元晶胞或称为原胞。

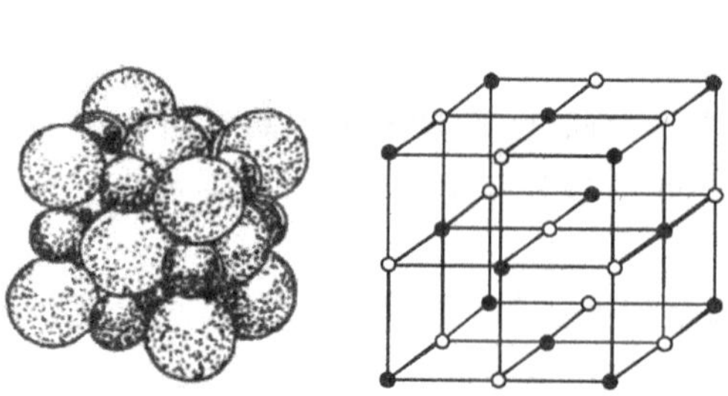

(a) (b)

图 7.7 氯化钠晶体的空间点阵

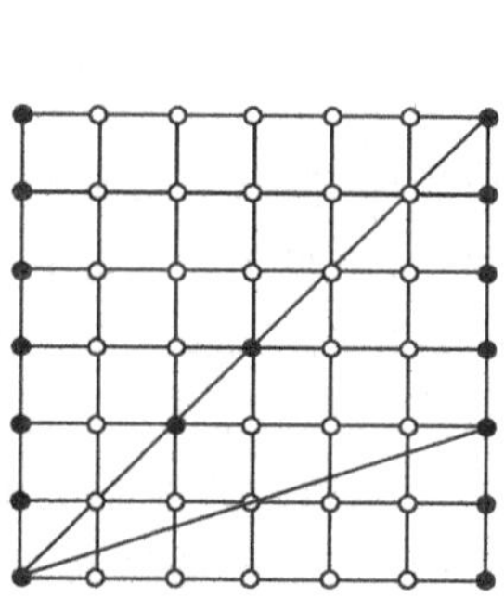

图 7.8 晶体在不同方向上具有不同的平移周期

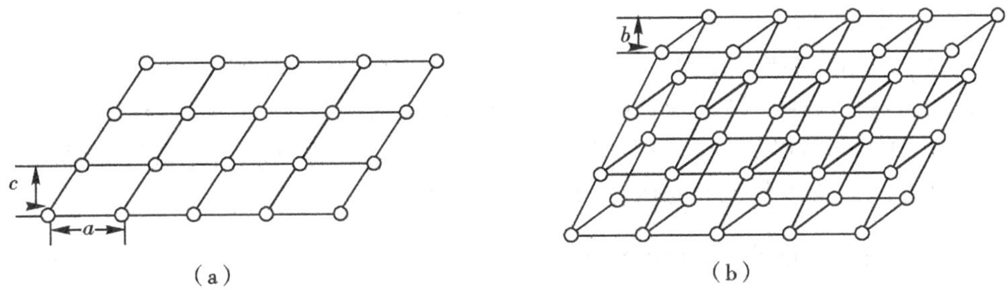

图 7.9　空间点阵可看作是由三组平面的交点所组成

晶体的许多宏观特性都可以根据晶体内部粒子排列的规则性来解释。单晶体规则的几何外形显然是由内部粒子的规则排列所形成的。此外，单晶体的各向异性，可以根据晶体点阵在不同方向上有不同的平移周期来说明。又如晶体有一定的解理面，也是与晶体内部粒子规则排列分不开的。

7.1.4　非晶体

非晶态固体分为四大类：(1) 传统的玻璃(也称玻璃体)；(2) 金属玻璃(即非晶态金属及合金)；(3) 非晶态半导体；(4) 高分子聚合物。

松香、沥青、玻璃、塑料等非晶态物质，外形不规则，各向同性，且没有一定的熔点。例如加热这类物质时，随着温度的不断升高，物质逐渐变软，接着由稠变稀，最后变为液态，整个变化过程如图 7.10 所示。曲线中拐曲部分表示非晶体软化的过程。物质是否具有一定的熔点，是区别晶体和非晶体的主要标志。

从微观结构上来看，与晶体比起来，非晶体内部粒子的排列则是不规则的。非晶态(固体)只能在极小的范围内(例如几个原子的尺度内)显示出规则性排列，因而具有长程无序、短程有序的特点。非晶态固体的长程无序主要反映在其原子排列缺乏周期性，因而整体结构缺乏规律性；但是在任一中心原子周围数个原子线度范围内，其近邻原子配位数，近邻原子同相对位置及形貌、组分等都存在一定程度的规律性，即在短程具有一定的有序性，因而称它具有长程无序和短程有序的结构特点。相对晶态和非晶态，准晶态则只是取向具有长程有序，其短程无序。因而非晶态和准晶态都处于不完全的有序状态。

图 7.11 分别表示石英晶体和石英玻璃的粒子排列在某一方向的平面投影图。图(a) 中石英晶体点阵的各个六角形环大小相等，且周期性地沿各方向重复，它呈现长程有序；但图(b)

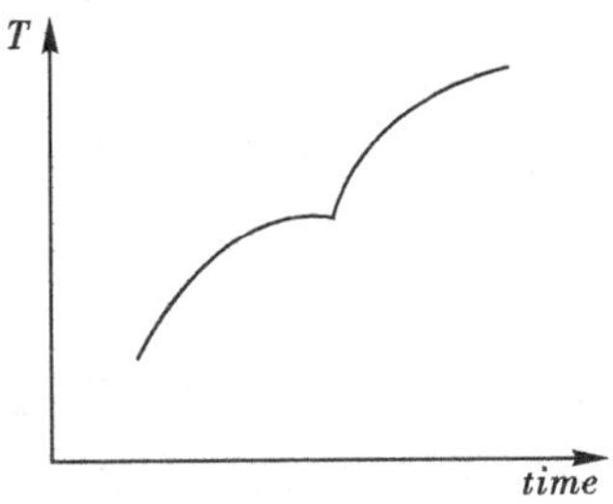

图 7.10　非晶体的熔化曲线

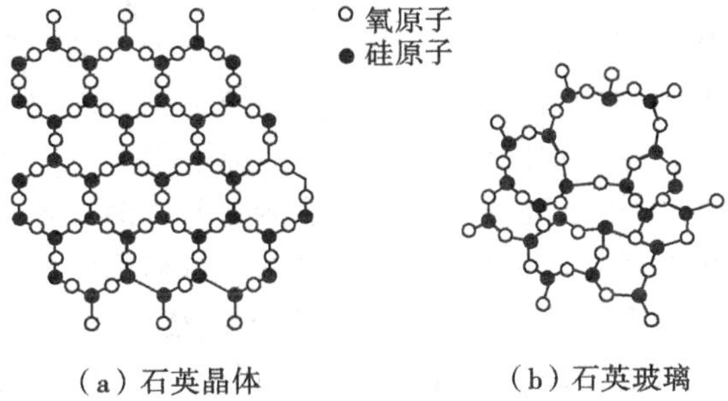

图 7.11　晶体与非晶体微观结构的区别

所示的石英玻璃中，可以看出组成非晶态的粒子不呈现周期性和平移对称性，呈现长程无序；只是由于原子间的相互作用，使其在小于几个粒子间距的小区间内，仍然保持形貌和组分有某些类似于石英晶体有序排列的特征，因而具有短程有序。可以定性估计，破坏石英晶体的每一个六角环所需的能量相同，而破坏石英玻璃的各个环（大小形状不同）所需的能量各不一样。由此不难解释为什么晶体有一定的熔点而非晶体没有。

7.1.5 晶体中粒子的结合力和结合能

根据物质微观结构的基本观点，物质内部的粒子间有相互作用力，且粒子时刻都在作无规则运动。在晶体内部，粒子间的相互作用力占绝对优势，晶体中粒子间的相互作用力称为结合力。在化学中称这种结合力为化学键。晶体中粒子间的结合力有不同的性质，这一点决定了不同晶体的力学特性（密度、硬度、弹性）、热学特性（熔点、熔解热、热膨胀系数等）、光学特性和电磁特性等。例如灰色而柔滑的石墨和无色透明而坚硬的金刚石，都是由碳原子构成的，但二者的性质却差别很大，其根本原因就在于构成它们的碳原子之间结合力的性质不同。因此，要了解晶体性质千差万别的原因，就必须首先研究构成晶体的粒子之间的结合力。晶体的几种典型的结合力，是离子键、共价键、范德瓦耳斯键、金属键和氢键。

1. 离子键与离子晶体

正电性元素容易失去电子而带正电成为正离子；负电性元素容易得到电子而带负电成为负离子。正负离子之间的静电力使得正电性元素和负电性元素结合形成离子晶体，这种静电力称为离子键，如图 7.12 所示。典型的离子晶体如 NaCl。因为离子键作用强，所以离子晶体具有高熔点、低挥发性和很大的压缩模量。

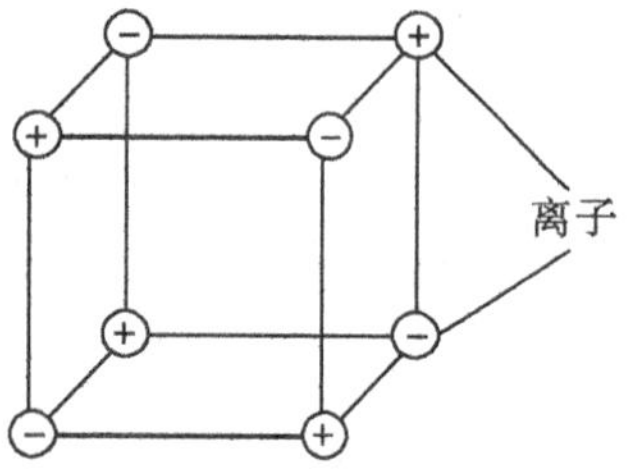

图 7.12 离子晶体

图 7.13 共价键示意图

2. 共价键与原子晶体

原子之间因共有电子（电子配对）而产生的结合力称为共价键。由共价键形成的晶体称为原子晶体。例如两个氢原子组成一个氢气分子时，其结合力就是共价键，如图 7.13 所示。金刚石中碳原子间的结合力也是共价键，图 7.14(a) 即为金刚石点阵结构。在金刚石中每一碳原子的周围有四个其他的碳原子，每个碳原子都有一个电子与处于中间位置的碳原子的一个电子配对，这一对电子绕两个碳原子核运动而将两个原子结合在一起，如图 7.14(b) 所示，图中白圈表示中心碳原子的外层电子，黑点表示周围碳原子的外层电子。

正因为金刚石中的碳原子以共价键结合，要使其破裂必须折断这些牢固的共价键，这就导致了金刚石的坚硬性。又因碳原子中所有的价电子都形成共价键而无自由电子，故金刚石无导电性。

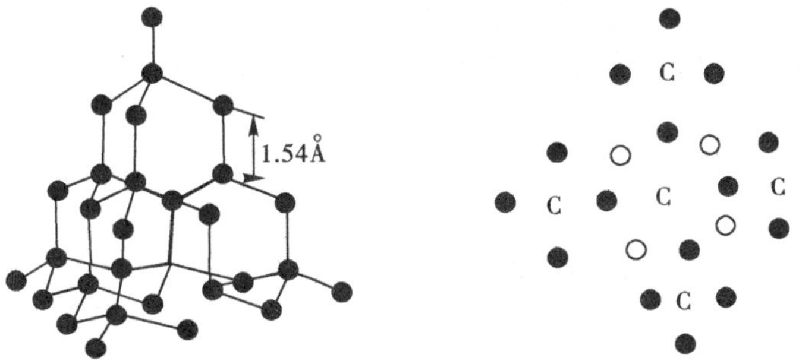

(a) 金刚石点阵结构　　(b) 共价键示意图

图 7.14　金刚石晶体

3. 金属键与金属晶体

金属都是正电性元素，它们的原子容易失去最外层的电子。在金属内部，金属的正离子做空间点阵排列，而脱离了原子的电子为所有的正离子所共有，它们可以在点阵内自由地运动，形成自由电子气，如图 7.15 所示。正离子与电子气间的相互作用使粒子结合在一起，这种结合力称为金属键。由金属键作用组成的晶体称为金属晶体。金属键作用较强，所以具有很高的熔点和硬度，低挥发性；又因有自由电子，所以有良好的导电性和导热性。

4. 范德瓦耳斯键与分子晶体

原子之间可以由共价键形成稳定的分子，由这种稳定分子结合成的晶体称为分子晶体。分子晶体的结合力是由于分子偶极矩之间的静电相互作用而产生的分子间的相互引力，称为范德瓦耳斯键。范德瓦耳斯力包括下列三部分：

取向力：是极性分子与极性分子间的相互作用。当两个极性分子相接近时，电偶极矩的作用引起它们发生转向，使它们相反的极性相对，从而出现吸引力，如图 7.16 所示。

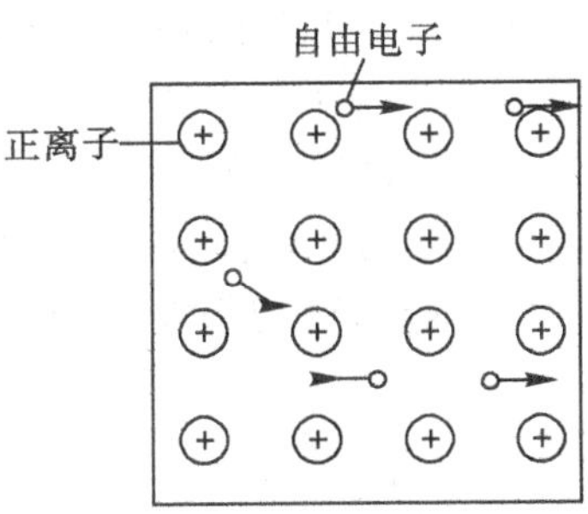

图 7.15　金属键示意图

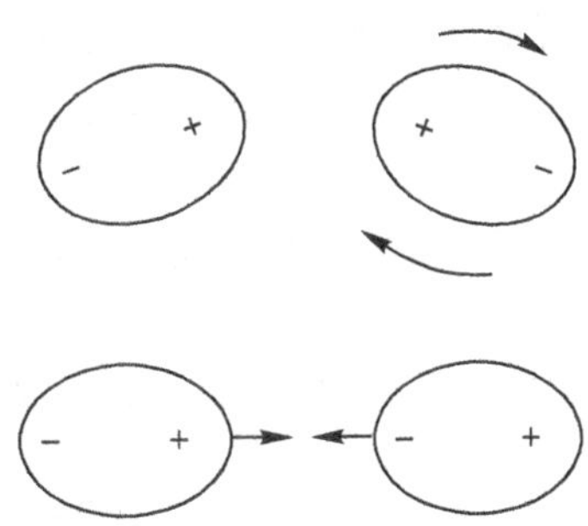

图 7.16　取向力

诱导力：非极性分子受极性分子的“诱导”而被极化，产生诱导偶极矩，它与极性分子的固有偶极矩间的相互作用称为诱导力，如图 7.17 所示。

色散力：取向力和诱导力本质上都属于静电力，而色散力不同于这种类型，只有根据量子力学才能正确解释其性质和来源。简单地说，可以把色散力看作是非极性分子之间的瞬时偶极矩相互用的结果。设在某一时刻，两个分子外层电子的相对位置如图 7.18(a) 所示，这时两分子间相互用是引力，相互作用势能最低；如果相对置如图 7.18(b) 所示，则这时出现瞬时斥力，相互作用势能最高。根据统计规律，出现低势能状态的概率大于出现高势能状态的概率，于是对时间平均的结果，两分子间的作用表现为引力。

范德瓦耳斯键与分子内部的结合力相比很弱，所以这种晶体硬度小，熔点低，易于挥发。

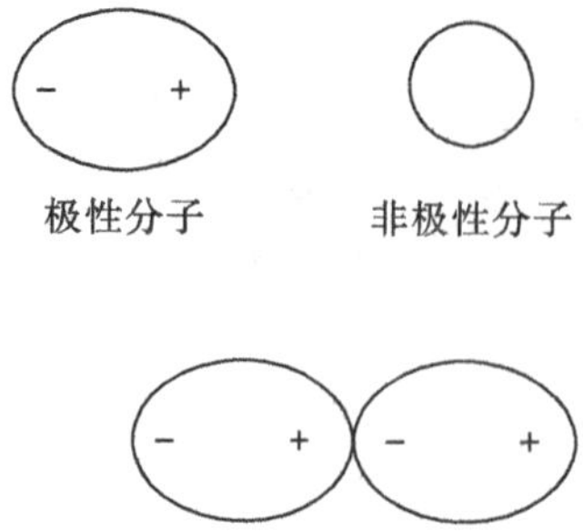

图 7.17　诱导力示意图

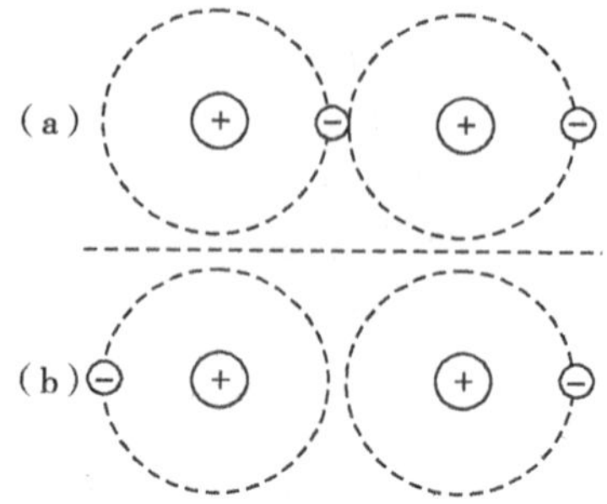

图 7.18　色散力示意图

5. 氢键

氢键是含氢化合物分子间的一种相互作用力，它的产生与含氢化合物分子的结构有关。以水为例，一个负电性很强的氧原子与两个氢原子以共价键相结合形成水分子时，由于量子效应，氧原子的最外层电子中有的电子可以成为氧和氢的共有电子而形成共价键，有的电子不成键。因氧原子的负电性很强，水分子中共价键的电子云显著地偏向氧的一边，使水分子中氢原子核"裸露"成为水分子的正电荷中心。当两个水分子接近时，其中一个水分子中的一个裸露的氢核与另一个水分子中氧的不成键电子间就产生了相互吸引的静电力，这就是氢键。

氢原子与其他负电性较强的原子(如 F、N、Cl 等)相结合也可以与第二个负电性较强的原子间形成氢键。与氢原子相结合的负电性原子，其负电性越强氢键越强。氢键不仅影响物质的沸点和熔点，还能影响晶体的结构和稳定性。

在实际的晶体中，粒子间可以具有多种形式的结合力。石墨是典型的例子，图 7.19 是石墨结构示意图。石墨和金刚石一样也是由碳原子构成的空间点阵，但粒子间的结合力有共价键、金属键和范德瓦耳斯键三种形式。在同一层中每一个碳原子的四个价电子中有三个是与该层中相邻的其他碳原子中的一个电子组成共价键，另一个电子为该层中所有碳原子所共有，以金属键的形式在该层中起作用，造成石墨具有较高的熔点和良好的导电性。层与层之间的结合是由于较弱的范德瓦耳斯键，所以石墨呈层状结构，各层间易滑动，可用作润滑剂，制造铅笔。又因各层之间距离较远，故石墨密度较金刚石低。

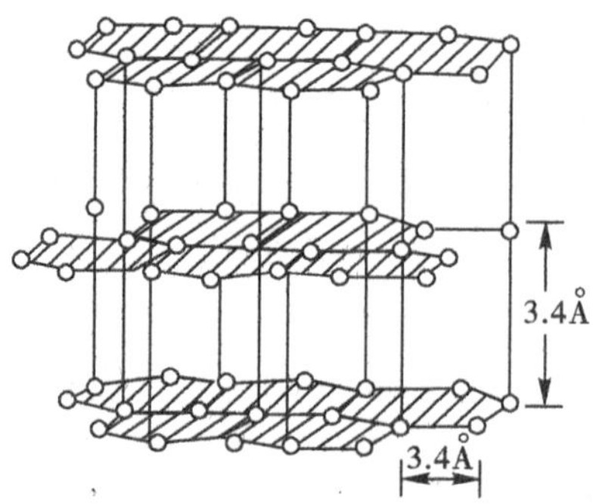

图 7.19　石墨结构示意图

7.1.6　结合力的普遍性质　结合能

不同的晶体具有不同类型的结合力，但这些不同的结合力却具有共同的特征，即组成晶体的粒子(可以是原子、分子或离子）之间的相互作用力包括引力和斥力，且二者都是短程力，都随粒子间距离的增大而急剧减小，但是描述斥力变化的曲线更陡。

组成晶体的所有粒子间相互作用势能之和就是整个晶体的势能。类似于与气体分子间的相互作用势，晶体的势能可表示为：

$$E_p = \frac{A_m}{r^m} - \frac{A_n}{r^n} \tag{7.1}$$

式中第一项表示斥力势能，第二项表示引力势能；r 是两相邻粒子间的距离，A_m、A_n 的值由晶体的结构和作用力的性质所决定。例如离子晶体 $n = 1, m = 5 \sim 10$；分子晶体，$n = 6, m = 9 \sim 12$。

晶体的结合能为自由粒子的总能量与它们形成的晶体的总能量之差，其数值等于当晶体中相邻粒子处于平衡距离 r_0(指当晶体不受外力时两相邻粒子间的距离，它对应着晶体的最低势能）时整个晶体相互作用势能(是负值）的绝对值。结合能的大小反映了晶体中粒子结合的牢固程度。例如 1 mol 金刚石的结合能为 7.11×10^5 J，铁的结合能为 4.02×10^5 J，氯化钠的结合能为 7.54×10^5 J，而分子晶体氩的结合能只有 7.54×10^3 J。

由结合力的特点可以解释固体的力学性质。固体在不受外力的情况下，内部粒子处于平衡位置，相邻粒子间的距离为 r_0，相应的作用力为 0。当固体受到外力而被拉伸(或压缩）时，粒子间距离增大(或减小），此时相邻粒子间出现引力(或斥力）。固体中的应力，从微观看来就是当粒子间的距离发生改变后，固体内部单位面积截面两边粒子间出现的相互作用力的合力，在拉伸形变下这种力宏观上表现为张力；在压缩形变下表现为压力。从分子相互作用力的示意图可以看出，如图 7.20 所示，F-r 曲线在 $r = r_0$ 附近的一段具有作用力 F 与粒子间距离 r 的变化成正比的关系，这就说明了当形变很小时，应力与应变的关系满足胡克定律。按照类似的方法可以解释固体发生切变时表现的力学性质。

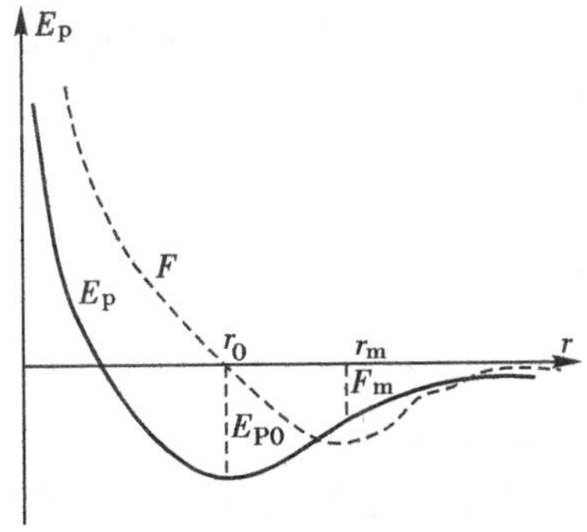

图 7.20　晶体的相互作用势能和相互作用力

7.2　液体

液体的宏观性质居于气体和固体之间，它一方面像固体那样有一定的体积，不易压缩，另一方面又像气体那样没有固定的形状，具有流动性。液体的流动性，即液体的机械运动特性，主要属于流体力学的研究范畴。本节主要讨论的是由分子力作用而导致液体的另外一个重要特性，即在液体和空气接触处有一个表面层和固体接触处则有一个附着层，它们所表现出来的一系列液体表面现象，以及讨论同这一现象相关的一些生命过程、原因和规律。

7.2.1　液体的微观结构

固、液、气三态性质的差别来源于物质内部分子之间的相互作用力与分子无规则运动这样一对矛盾力量对比的不同。在固体中，分子间的相互作用力占主导地位，因而形成空间点阵。分子的无规则运动则主要表现为围绕固定的平衡位置作无规则的振动。在气体中，分子的无规则运动占主导地位，因此，气体总是充满整个容器，没有固定的形状和体积，且有流动性。液体的微观结构更接近于固体还是更接近于气体？对大多数物质而言，在熔化时体积只增加 10% 左右，即分子间距离只增加 3% 左右。而在汽化时，体积约增为原来的 1000 倍，分子间距离约增为原来的 10 倍。此外各种物质的汽化热都远大于熔化热。这些事实都说明液体中分子的排列情况更接近于固体。用伦琴射线研究熔化与结晶过程发现，液体分子约在 10^{-7} cm 的小区域内、短时间保持一定的规则排列，称为短程有序（与此对比，晶体内粒子的排列则是长程有序）。液体可以看作是由许多这样的小区域彼此之间方位完全无序地集合在一起的。因此，宏观上表现为各向同性。液体分子的无规则运动主要是在平衡位置附近作微小振动。但液体分子不像固体分子那样长时间围绕一个平衡位置振动，而是在某一平衡位置振动一段时间以后就挣脱周围分子的束缚而到另一个新的平衡位置继续振动，即液体分子的平衡位置是不断改变的，此即液体的流动性。此外，液体分子在每一平衡位置振动的时间长短也不同，但在一定的温度和压强下，各种液体的这种振动时间都有其一定的平均值，称为定居时间。对于液态金属而言，其数量级为 10^{-10} s；对水而言，其数量级为 10^{-11} s。

定居时间 τ 的长短取决于分子力的大小和分子无规则运动的强弱。分子力越大，τ 越大；温度越高，分子无规则运动越剧烈，平衡位置越易改变，τ 就越小。一般液体所表现的流动性，就是由于通常所受外力的作用时间 t 比 τ 大得多。假如力的作用时间 $t<\tau$，这时液体就能发生弹性形变、脆性断裂等一系列典型的固体所特有的力学现象。在非常强的冲击力作用下，液体也会像玻璃似地裂成碎块。

7.2.2　液体内部压强的微观解释

如上所述，液体分子的排列情况更接近于固体，分子间距离很近，彼此有较强的相互作用力。从这点出发，可以解释液体内部压强的性质。

实际气体的压强可以看作是由分子无规则运动引起的压强和分子力引起的压强两部分构成的，但与分子的无规则运动引起的压强比起来，分子力引起的压强只占次要地位。因而可以定性地认为，液体内部压强也由这两部分组成，但由于液体分子间距离比气体分子间距离小得多，以致分子力引起的压强占主导地位。理论计算表明，液体内部单位面积截面两边分子间的引力之和以及斥力之和的数量级都为 10^9 Pa，实际表现出的压强是二者的代数和。所以在一般情况下液体内部压强的数量级只有 10^5 Pa。液体内部压强的其他性质也可由此进行解释。例如，尽管分子排列短程有序，但由于长程无序，从而液体显出各向同性，所以在液体内部的任意位置（排除表面附近）处无论沿任何方向选取截面，截面两边分子之间的相互作用情况都相同，所以液体内部压强与方向无关。又如，由于重力的作用使液体分子间的平均距离随液体深度的增加而减小，致使分子间的斥力随深度增加而增大，所以静止液体内部压强随深度的增加而增大。应当指出，当液体深度增加时，分子间平均距离的变化很小，因此在不太大的深度变化范围内，液体密度随深度的变化可以忽略；但是由于分子间的斥力随距离的减小而急剧增大，所以由此引起的分子斥力随深度而变化，从而使得液体压强随深度的变化不可忽略。

7.2.3　表面张力和表面能

液体与气体或固体接触形成表面层，由于表面层分子的受力情况不同于液体内部，使得液体表面具有一种不同于液体内部的特殊性质。事实上，自然界很多物理、化学甚至生命过程都是发生在液体表面，与液体的表面性质相关。即液体内部相邻液体间的相互作用表现为压力，而液体表面相邻液面间的相互作用则表现为张力。由于这种力的存在，引起弯曲液面内外出现压力差，以及常见的毛细现象等。

1. 表面张力

液体表面积具有收缩到最小的趋势。比如下落的雨滴、早上的露水珠、荷叶上的水珠和玻璃板上的水银珠都是呈近似圆球形状，因为球面是包围给定体积的最小表面积。我们把这个促使液体表面收缩的力，就叫做表面张力。

表面张力类似于固体内部的拉伸应力，只不过表面张力存在于极薄的液体表面层内，它产生的原因是其间分子作用力引起的，如图 7.21 所示。我们把气体与液体接触处厚度等于分子有效作用距离 $r = 10^{-9}$ cm 的液体薄层，称为液体表面层。表面层内的液体分子 A 和液体内部的分子 B 受力情况是不同的。如果以某分子为球心，以分子力有效作用距离 r 为半径作一球面，显然，只有分布在球内类的分子才对球心的分子有吸引力，此球称为分子作用球。在液体内部分子密度相同，分子作用球内球心分子（如 B）受周围其他所有液体分子作用力的合力为 0，处于平衡状态。而液体表面层的分子（如 A）与液体内部分子相比，处于一个特殊状态，分子作用球内上边是气体分子，下边是液体分子。由于气体分子密度较小，分子距较大，作用力非常微弱，与液体内部分子相比，可忽略不计。因此液体表面层的分子主要受到下方液体分子的引力，而少了上方分子的斥力，这样液体表面层的分子比液体内部分子密度小些，分子距离大于平衡距离，故表面层的液体分子受到的分子作用力的合力为引力，方向垂直于液面并指向液面内侧。而且分子离液面越近，合力越大，因此表面层的分子有被拉入液体内部的趋势，在宏观上就是液体表面层的表面张力。

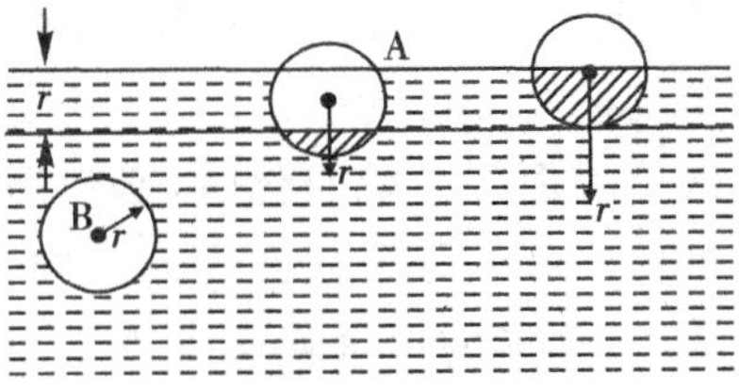

图 7.21　表面张力的形成

实验结果表明，液体表面张力 F 的大小跟液面分界线的长度 L 成正比，即：

$$F = \alpha L \tag{7.2}$$

式中，α 叫做液体的表面张力系数，与液体的性质有关。在国际单位制中，其单位 $N \cdot m^{-1}$，数值上等于作用在液体表面单位长度分界线上的表面张力。表面张力的方向跟液面相切并垂直于分界线。表 7.2 列出一些液体的表面张力系数。

从表中可以看出，在温度不变的情况下，液体的表面张力系数 α 的大小与液体的性质有关（种类和浓度）。越易蒸发的液体，表面张力系数越小。同种液体表面张力系数随着温度的升高而减小，随着温度的降低而增大。再者，两种不同液体交界面处的表面张力系数 α 与两相邻物质的化学性质有关。如在 20 ℃° 时，水与乙醚相邻时，水的表面张力系数为 $12.2 \times 10^{-3}\ N \cdot m^{-1}$；与苯相邻时，其表面张力系数为 $33.6 \times 10^{-3}\ N \cdot m^{-1}$。最后液体的表面张力系数 α 还与其纯度有关。在纯净的某种液体中，只要掺入其它少量的杂质，就能使该液体的表面张力系数发生明显的改变。当然，有的杂质能使液体的表面张力系数 α 增大，有的杂质能使液体的表面张力系数 α 减小。凡是能使液体表面张力系数变小的物质，称为表面活性物质（也称表面活性剂）。水的表面活性物质除有肥皂外，还有蛋黄素、胆盐、卵磷脂、樟脑和某些有机物。表面活性物质在制药生产中能起到增溶、乳化、润湿、起泡和消泡作用。凡是能使液体的表面张力系数变大的物质，称为表面非活性物质（也称为表面非活性剂）。水的表面非活性物质常见的有食盐、糖类、淀粉、无机物等。需要注意的是：同一物质对某一液体是表面活性物质，对另一种液体可能是表面非活性物质。一种物质是否是表面活性物质不是绝对的，它由该物质和液体的性质共同决定。

表 7.2 几种液体的液—气交界面的表面张力系数

液体	温度 / ℃	α/ $N \cdot m^{-1}$	液体	温度 / ℃	α/ $N \cdot m^{-1}$
水	0	0.0756	苯	20	0.0288
水	20	0.0728	氯仿	20	0.0271
水	100	0.0589	甘油	20	0.0634
肥皂液	20	0.025	胆汁	20	0.048
甲醇	20	0.0266	全血	37	0.058
乙醚	20	0.017	尿（正常人）	20	0.066
汞	20	0.476	尿（黄胆病人）	20	0.055

2. 表面能

液体内部的分子受周围其他液体分子的作用力的合力为 0，而处于平衡状态，故液体内部分子间的势能可看作 0。而液体表面层的分子间表现为引力，所以液体表面层分子间存在着引力势能。我们把液体表面层分子势能的总和称为表面能。可见表面能的大小与表面层的大小即表面层液体分子数目成正比。当液体表面层面积变化时，必然对应着表面能的变化，表面能的变化一定对应着外力做功。若将液体内部的分子移到表面层中来，液体表面积增大，表面能也增大，外力必然克服表面张力做功。表面能的增量就等于外力克服表面张力所做的功。根据势能最低原理，一个系统总以势能最小的状态为最稳定，即系统处于稳定状态时，其势能总是取最小值。液体要达到最稳定状态，势能就要尽量减小。所以液体处于稳定状态时在表面张力的作用下，尽可能将其表面积收缩到最小，才能使其表面能为最小。

液体的表面张力系数还可以用表面能来定义。如图7.22所示，$ABCD$为一金属丝框，BC、CD、AD三边固定，AB边可以沿AD、BC边自由滑动，且滑动摩擦力为零。如果将该框浸没入某液体中取出，框上就蒙上了一层液膜，考虑液膜有前后两个气－液接触面，即两个表面层产生一个作用在框AB边上，方向向左的表面张力为

$$F = 2\alpha L$$

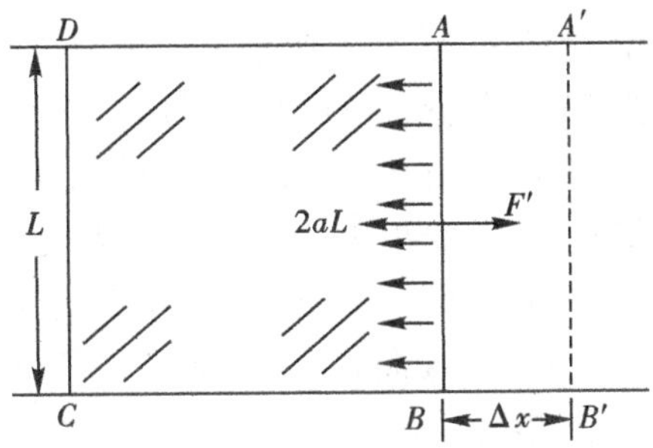

图7.22　表面张力系数和表面能

由于表面张力要收缩其表面液膜，为了维持框AB边的平衡，必须施加给AB边一个大小相等方向相反的外力F'，即$F' = F$。若在F'的作用下使AB边匀速的向右运动了Δx的距离，到达$A'B'$位置，这样框液膜就增加了$\Delta S = 2L \cdot \Delta x$的面积，外力$F'$做功为

$$\Delta A = F'\Delta x = 2\alpha L \cdot \Delta x = \alpha \cdot \Delta S$$

由于液体表面积增加了ΔS，所以液体表面能相应地增加了ΔE，表面能的增加是由于外力做功的结果。于是，表面能的增量ΔE应等于外力所做的功ΔA，即

$$\Delta E = \Delta A = \alpha \cdot \Delta S$$

因而有

$$\alpha = \frac{\Delta E}{\Delta S} \tag{7.3}$$

上式表明，表面张力系数α还可以定义为：液体增加单位表面积时外力所做的功，或液体增加单位表面积时液体表面能的增量。所以，表面张力系数又叫做比表面能。严格上说，表面能是在等温条件下能转变为机械能的表面内能部分，在热力学中称为表面自由能。所以，从能量角度看，表面张力系数α就是增加单位表面积时所增加的表面自由能，这是表面张力系数的第三个定义，或者说，表面张力系数α就是单位表面的表面自由能。

例7.1　在等温条件下将一半径$r_0 = 0.5$ cm的大水滴分裂成若干个半径均为$r = 0.1$ cm的小水滴，求所需做的功(水的表面张力系数是7×10^{-2} N·m^{-1})。

解　设大水滴可分裂成n个半径为r的小水滴，有$\frac{4}{3}\pi r_0^3 = n\frac{4}{3}\pi r^3$，故小水滴数目$n$为

$$n = \frac{r_0^3}{r^3} = \frac{0.005^3}{0.001^3} = 125$$

n个小水滴的总表面积为

$$S = 125 \times 4\pi r^2 = 5\pi \times 10^{-4}\ \mathrm{m}^2$$

大水滴的表面积为

$$S_0 = 4\pi r_0^2 = \pi \times 10^{-4}\ \mathrm{m}^2$$

大水滴分裂成 n 个小水滴后，液体表面积增加了 $\Delta S = S - S_0$，所以外力所作的功为

$$\Delta W = \alpha \cdot \Delta S = \alpha \cdot (S - S_0) = 7 \times 10^{-2}(5\pi - \pi) \times 10^{-4} = 8.8 \times 10^{-5}\,\mathrm{J}$$

7.2.4 弯曲液面下的附加压强

一般来说，由于液体具有流动性，静止液体的自由面是一个水平的液面。但是在有些特殊的情况下，如靠近器壁处的液面常成弯曲状，在内径很小的容器里，液面则成为弯月面。由于液体表面层相当于一个紧张的弹性薄膜，弯曲液面的表面张力有将弯曲液面拉平的趋势，且拉力作用于整个周界，方向在弯曲液面的切面上，垂直于周界线，与水平方向有一定的夹角，指向液面的内侧。弯曲液面与水平液面相比，液面内外的压强不相等，只有在表面张力对弯曲液面下的液体产生一个压强的作用下，才能使弯曲液面处于平衡状态。我们将为了维持弯曲液面的平衡，作用于弯曲液面上单位面积上的表面张力叫做附加压强，用 p_s 表示。

选一个面积为 S 的圆面作为我们的研究对象，并规定液面外的压强用 $p_{外}$ 表示，液面内的压强用 $p_{内}$ 表示，周界表面张力的合力用 F 表示。

当液面为平面时，表面张力方向在液体表面内与液平面平行。平衡时，作用在周界的表面张力对称，相互抵消，其合力 $F = 0$，这时

$$p_{外} = p_{内}$$

表明水平液面内外压强相等，附加压强 $p_s = 0$。如图 7.23(a) 所示。

当液面为凸曲液面时，作用于周界上的表面张力 F 的方向与凸曲液面相切、垂直于周界线。表面张力水平方向上的分量由于对称性抵消，合力 F_1 为零；而在竖直方向的分量的合力 F_2 都指向液面的下方。如图 7.23(b) 所示。由力的平衡可得压强关系

$$p_{内} = p_{外} + p_s > p_{外}$$

表明凸曲液面内部的压强大于外部的压强，附加强 p_s 指向凸曲液面下方，即凹的一侧。

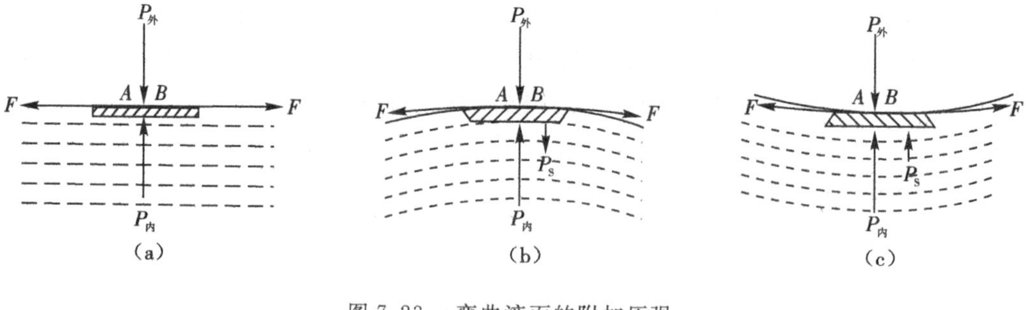

图 7.23 弯曲液面的附加压强

当液面为凹曲液面时，如图 7.23(c) 所示。同理分析可知

$$p_{内} = p_{外} - p_s < p_{外}$$

表明凹曲液面内部的压强小于外部的压强，附加压强 p_s 指向凹曲液面上方，依然为凹的一侧。

综上所述，由于表面张力的存在，弯曲液面内外压强不相等。附加压强的大小由弯曲液面

的弯曲程度和液体性质决定，数值上等于弯曲液面内外的压强差，方向总是指向弯曲液面曲率中心。

下面来计算球形曲面下的附加压强。考虑凸球形液面上周界为圆的一小部分，如图 7.24 所示，球面曲率半径为 R，球心为 O，φ 为这部分球面所张的圆锥角，周界圆的半径为 r。若取图中一小段周界弧 $\mathrm{d}l$，则它所受的表面张力为 $\mathrm{d}f = \alpha \cdot \mathrm{d}l$。$\mathrm{d}f$ 可以分解成平行于轴线 OC 和垂直于轴线 OC 的两个分量 $\mathrm{d}f_1$ 和 $\mathrm{d}f_2$，其大小分别为

$$\mathrm{d}f_1 = \mathrm{d}f \cdot \sin\varphi = \alpha \cdot \mathrm{d}l \cdot \sin\varphi$$

$$\mathrm{d}f_2 = \mathrm{d}f \cdot \cos\varphi = \alpha \cdot \mathrm{d}l \cdot \cos\varphi$$

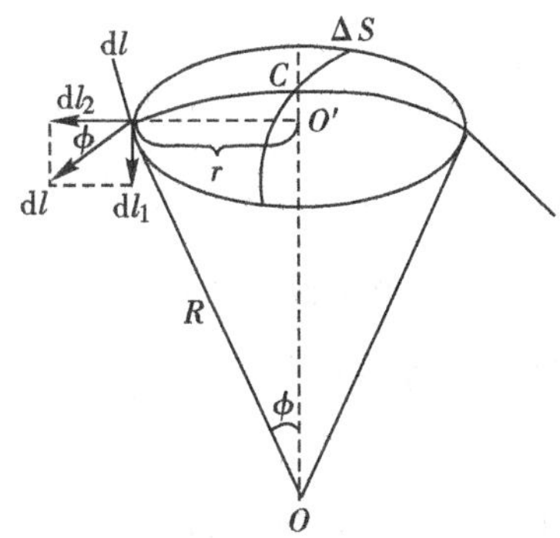

图 7.24　弯曲液面的附加压强推导

因为 $\mathrm{d}f_2$ 具有轴对称性，故垂直于轴线 OC 方向上各分力 $\mathrm{d}f_2$ 的合力为零；而平行于轴线 OC 方向的各个分力 $\mathrm{d}f_1$，方向均相同，其合力为

$$f_1 = \oint \mathrm{d}f_1 = \oint \alpha \sin\varphi \cdot \mathrm{d}l = \alpha \sin\varphi \oint \mathrm{d}l = 2\pi r \alpha \sin\varphi$$

从图 7.24 可知，$\sin\varphi = r/R$，代入上式得

$$f_1 = \frac{2\pi \alpha r^2}{R}$$

将 f_1 除以投影面积 $\Delta S = \pi r^2$，即得球形液面下的附加压强 p_s 的大小为

$$p_S = \frac{f_1}{\Delta S} = \frac{2\pi \alpha r^2}{R \cdot \pi r^2} = \frac{2\alpha}{R} \tag{7.4}$$

上式表明，球形液面的附加压强 p_s 的大小与液体的表面张力系数 α 成正比，与液面的曲率半径 R 成反比。

图 7.25 是一个球形液泡（如肥皂泡），膜内外有两个表面层其半径分别为 $R_{内}$、$R_{外}$，膜内、膜中、膜外的压强分别为 $p_{内}$、$p_{中}$、$p_{外}$，且 $p_{内} > p_{中} > p_{外}$，其中

$$p_{中} = p_{外} + \frac{2\alpha}{R_{外}}$$

$$p_{内} = p + \frac{2\alpha}{R_{内}} = p_{外} + \frac{2\alpha}{R_{外}} + \frac{2\alpha}{R_{内}}$$

由于液膜很薄，$R_{内}$ 和 $R_{外}$ 相差甚微，可认为相等，即 $R_{内} = R_{外} = R$，所以球形液膜内外的压强差为

$$p_s = \Delta p = p_{内} - p_{外} = \frac{4\alpha}{R}$$

如图 7.26 所示，空气中在一根带有阀门的连通管。关闭阀门，在两臂端分别连上两个半径大小不同的肥皂泡，此时，两肥皂泡各自保持自己的平衡状态。现打开阀门，连通两个肥皂泡。两肥皂泡的表面张力系数相同，由于大泡的半径大，泡内压强反而比小泡内的压强小，故小泡内的气体逐渐流入大泡。于是大泡逐渐增大，小泡逐渐缩小，直至小泡液膜收缩变成附于连通器臂端管口处仅剩冠顶状部分球面膜为止，且与大气泡具有相同的曲率半径。

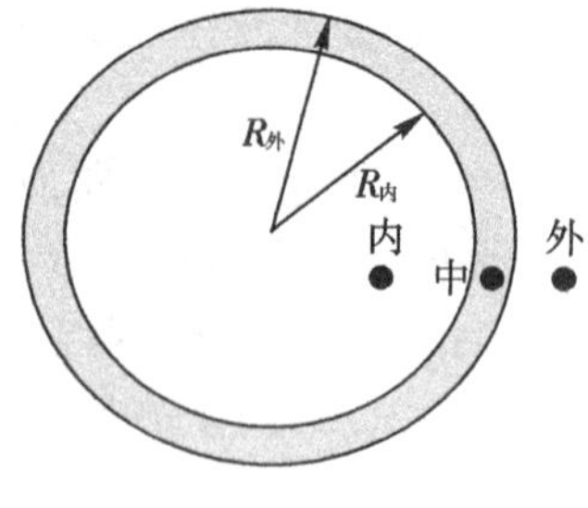

图 7.25　球膜的附加压强

图 7.26　连通泡附加压强的比较

7.2.5　液面与固体表面接触处的表面现象

1. 润湿现象

当液体和固体接触时，在接触处会发生两种不同的现象：如果液体与固体接触时，接触面积趋于扩大，液体附在固体上的现象，称为润湿现象，如水滴在洁净的水平放置的玻璃板上；若接触面逐渐缩小，最后液体在固体上收缩成近似球形，不能附在固体上的现象，称为不润湿现象，如水滴在水平放置的石蜡或油脂板上，水银滴在洁净的水平放置的玻璃板上。

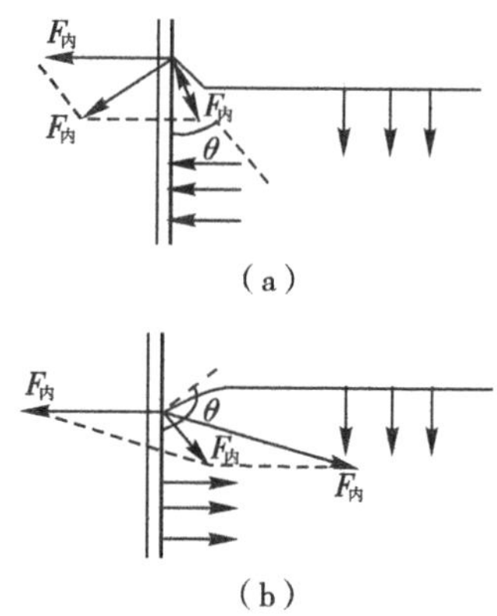

图 7.27　接触角

液体润湿或者不润湿固体，并不是液体或固体单方面性质所决定的，而是由液体和固体接触时形成的附着层的受力情况所决定的。我们把附着层内的液体分子与固体分子间的相互吸引力称为附着力；液体分子之间的相互吸引力称为内聚力。图 7.27(a) 是附着力大于内聚力的情况，固体与液体接触处的液体分子受到一个指向固体的合力，液体分子将尽量挤向固体的方向，使接触界面有扩大的趋势，产生润湿现象。在容器中，靠近器壁处的液面向上弯曲，液面呈凹形，在内径越细小的容器中，现象越明显。图 7.27(b) 是内聚力大于附着力的情况，固体与液体接触处的液体分子受到一个指向液体内部的合力，液体分子有挤入液体内部的趋势，接触界面有收缩倾向，产生不润湿现象。在容器中，靠近器壁处的液面向下弯曲。在内径越细小的容器中，现象越明显，液面呈凸形。

通常用接触角来判断润湿和不润湿现象。平衡时，在接触界面处，做液体表面的切线和固体表面的切线，这两切线通过液体内部所夹的角度 θ，如图 7.28 所示，叫做接触角。附着力越大，θ 越小，液体就越能润湿固体。在润湿的情况下，$\theta < 90°$，如图 7.28(a)、(c) 所示；$\theta = 90°$ 时称为完全润湿。在不润湿的情况下，$\theta > 90°$，如图 7.28(b)、(d) 所示；$\theta = 180°$ 时称为完全不润湿。接触角 θ 只与液体和固体本身的性质以及固体表面的光滑和清洁程度有关。水与清洁玻璃及乙醇与清洁玻璃接触时，$\theta = 0°$；汞对玻璃，$\theta = 140°$。

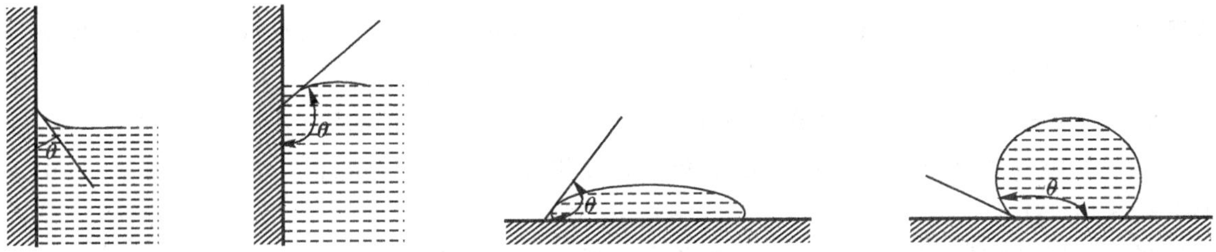

(a)　(b)　(c)　(d)

图 7.28　湿润与不湿润

2. 毛细现象

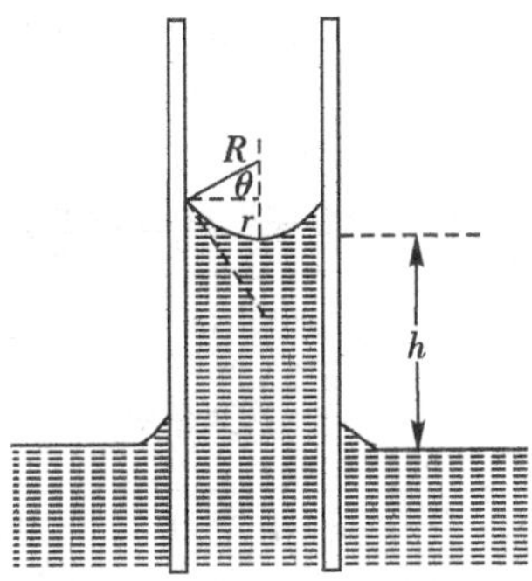

图 7.29　毛细现象

通常把内径很小的管子称作毛细管。把毛细管插入液体内，若液体润湿管壁，管内液面上升；若液体不润湿管壁，管内液面下降，这种现象叫做毛细现象。

下面分析润湿时液面上升的情况。如图 7.29 所示，当毛细管插入液体内，$\theta < 90°$，液面呈凹面，所以液面内的压强比外面的压强小 p_s。设接触角为 θ，管的内半径为 r，管内液面可看成是球面的一部分且半径为 R，则由图 7.29 可知，$R = r/\cos\theta$，据附加压强公式(7.4)得

$$p_s = \frac{2\alpha}{R} = \frac{2\alpha}{r/\cos\theta} = \frac{2\alpha \cdot \cos\theta}{r}$$

此压强差使得管内的液面上升。根据液体静力学原理，当达到平衡时，管内液柱的静压强 ρgh 应等于上述的附加压强 p_s，即

$$\rho gh = \frac{2\alpha\cos\theta}{r}$$

式中 h 为平衡时管内与管外的液面高度差，ρ 是液体密度，g 是重力加速度。由上式可得毛细管内液面上升的高度为

$$h = \frac{2\alpha}{\rho gr}\cos\theta \tag{7.5}$$

式(7.5)表明，毛细管中液面上升的高度与液体的表面张力系数成正比，与毛细管的内径和液体的密度成反比，管径越细，液面上升越高。对于液体不润湿管壁的情况，毛细管内的液面为凸球面，液面内压强比外面大小 p_s，这时管内液面将低于管外液面，例如水银就是这种情形，它下降的高度也可用式(7.5)计算。

毛细现象在日常生活非常普遍，比如棉花或棉布的吸水，植物吸收和运输水分，血液在毛细血管中的流动等等，都与毛细现象有着密切的关系。例如，对于刚种植的树木总要将周围的土壤压一压，以便在根部周围的土壤中形成许多毛细管，使地下的水分沿毛细管上升到植物根部；如果想要保墒，使地下水分不至于上升到地面蒸发掉，就必须破坏土壤里的毛细管，这就是松土的作用；如在医学上用小吸管采血，用脱脂棉球或纱布吸附创伤面的液污，就是利用毛细管的作用；外科手术用的缝合线必须先经过蜡处理，就是因为线中有无数缝隙，缝合伤口时，一部分缝合线露在体表外，体外细菌易通过这些缝隙(毛细管)进入体内，引起伤口的感染，蜡处理的目的就是为了封闭线中的缝隙，切断细菌进入体内的通道，以杜绝体外细菌从缝合线毛细

管进入体内而引起的感染;在制剂工作中,为了增加疗效,常常在药物中加入适量的物质降低接触角,以增加药物包衣上的润湿程度,使患者服药后,片剂到了胃里易被润湿,水分子通过药片包衣的毛细管进入片剂内部使其溃解溶化后,药物易被吸收。

例 7.2 将直径为 4 cm的清洁玻璃管插入温度为 20 ℃ 的水中,水在细管中上升的高度为 7.42 mm,试求水的表面张力系数(水与玻璃产生完全湿润,水的密度为 $1.0\times 10^3\ kg\cdot m^{-3}$)。

解 水与玻璃产生完全湿润,即 $\theta=0°$。由式(7.5),可知

$$h=\frac{2\alpha}{\rho g r}$$

故水的表面张力系数

$$\alpha=\frac{\rho g r h}{2}=\frac{10\times 10^3\times 9.8\times 2\times 10^{-2}\times 7.42\times 10^{-3}}{2}=7.27\times 10^{-2}\,N/m$$

7.3 单元系一级相变

7.3.1 一级相变

物质的相变通常是由温度变化引起的。在一定的压强下,当温度升高或降低到某一值时,相变就会发生。即在一定压强下,相变是在一定的温度下发生的。例如,在一个标准大气压下,冰在 0 ℃ 时溶解为水,水在 100 ℃ 沸腾而变成蒸汽。由于相变时,固、液、气三相每一摩尔物质所占据的体积不同,所以,对于单元系固、液、气三相的相互转化来说,相变时体积要发生变化。其次,在单元系固、液、气三相的相互转化过程中,还要吸收或放出大量的热量,这种热量称为相变潜热。例如,0 ℃ 和一个标准大气压下,1 千克冰要吸收 79.6 千卡的热量才能转化为同温度时的水;100 ℃ 和一个标准大气压下,1 千克水要吸收 539 千卡的热量才能转化为同温度的水蒸汽。可见,单元系固、液、气三相的相互转化过程,具有两个特性,即相变时体积要发生变化,并伴有相变潜热。在有几个固相时,固相之间相互转化也具有这两个特点。凡具有这两个特点的相变都称为一级相变。

另有一类相变,在相变时体积不发生变化,也没有相变潜热,只是其热容量、热膨胀系数、等温压缩系数这三者发生突变。这类相变称为二级相变。例如,铁磁性物质在温度升高时转变为顺磁性物质;氦在温度降低时由正常氦转变为超流性氦;在无外磁场的情况下,温度降低时超导物质由正常态转变为超导态等。

7.3.2 相变时体积变化

通常情况下,气相的体积比固相的体积大。在固相转变为液相时,对于大多数物质,熔解时体积会增大。例如,在一个标准大气压下,水的沸点为 373.15 K,此时水的比容为 $1.04346\times 10^{-3}\ m^3\cdot kg^{-1}$,水蒸汽的比容为 $1.6730\times 10^{-3}\ m^3\cdot kg^{-1}$。所以在浇铸钢锭时,锭模的顶部要加帽口,以便使浇铸的钢水的体积稍多一点,来补偿凝固时的收缩。但也存在反常膨胀现象,例如水、铋、灰铸铁等少数物质,在熔解时体积反而要缩小。例如灰铸铁凝固时体积反而要膨胀,所以能使铸件的形状直到细微部分都和模型很好地吻合。铸造印刷用的铅字时,会在铅中加入

锑、铋等金属，也是利用这种合金在凝固时体积膨胀的性质，以保证字形细微部分的清晰。冬季裸露在外面的水管，要采取妥善的保温措施，不然因为结冰时体积膨胀而可能将水管冻裂。

7.3.3　相变潜热

设 u_1、u_2 分别代表 1 相和 2 相的单位质量物质的内能，v_2、v_1 分别代表 1 相和 2 相的单位质量物质的体积(称作比容)。则根据热力学第一定律，单位质量物质由 1 相转变为 2 相时，所吸收的相变潜热 l 应等于内能的增量 u_2-u_1 加上克服恒定的外部压强 p 所作的功 $p(v_2-v_1)$，即

$$l=(u_2-u_1)+p(v_2-v_1) \tag{7.6}$$

其中 u_2-u_1 为两相的内能差，称为内潜热；$p(v_2-v_1)$ 表示相变时克服外部压强所做的功，称为外潜热。潜是潜在的意思，因为一级相变是等温的，吸收或放出热量时并不引起物质温度的变化，所以称其为潜热，好比这两种变化潜伏在等温之中。引入单位质量物质的焓，$h=u+pv$，则相变潜热表示为

$$l=h_2-h_1 \tag{7.7}$$

即一级相变的潜热等于两相焓之差。这是一个很重要的结论，因为一级相变是最常见，最易实现的，而焓是热力学工程实际问题中最基础的研究对象，而且已制成了各种物质在不同相变温度的焓值表。因此，计算一级相变潜热就很方便快捷，只要查相应的焓值表就可以了。

7.4　气液相变

物质由液相转变为气相的过程称为气化，相反的过程称为凝聚或液化。气化有蒸发和沸腾两种形式。单位质量液体汽化时所吸收的热量，称为汽化热。

7.4.1　蒸发

盛在敞口容器中的水会逐渐减少以至最后消失；湿衣服可以晾干，这都是水不断气化的结果。这种发生于液体表面的气化过程称为蒸发。在非密闭的情况下，蒸发过程在任何温度下都可以进行。

从微观上看，蒸发就是液体分子从液面跑出的过程，因为分子从液面跑出时，需要在表面层中克服液体分子的引力做功，所以能跑出去的只是那些热运动动能较大的分子。这样，如果不从外界补充能量，蒸发的结果将使留在液体中的分子的平均热运动动能变小，从而使液体变冷。例如，身上沾水后会感觉到凉快就是这个原因。另一方面，蒸气分子还会不断地返回液体中去，凝结成液体。因此，液体的蒸发实际上是上述两种相反过程相互竞争的结果，其总量为液体分子跑出液面的数量，减去进入液面的数量。对于同一种液体，影响蒸发的因素很多，主要有以下几种：① 表面积：由于蒸发过程发生在液体的表面，所以表面积越大，蒸发就越快，例如，晾开的湿衣服要比团在一起的湿衣服干得快；② 温度：温度越高，液体分子热运动的平均动能越大，能够跑出液体表面的分子数就越多，因而蒸发也就越快，例如用太阳晒或火烤使物体快速干燥；③ 通风：通风可以促使蒸气分子更快地向外扩散，减少它们重新返回液体的机会，因而蒸发就会加快，有风时湿衣服干得快就是这个原因。

7.4.2　饱和蒸汽压

在液面敞开时，蒸气分子向远处扩散，返回液体的分子数总是小于跑出液面的分子数，因

此液体不断蒸发，直到液体全部转变为蒸气时，蒸发过程才停止。在密闭的容器里，随着蒸发过程的进行，容器内蒸气的密度不断增大，因而返回液体的分子数也不断增多，直到单位时间内跑出液体的分子数等于单位时间内返回液体的分子数时，宏观上蒸发就停止了。这种与液体保持动态平衡的蒸气叫做饱和蒸气，它的压强叫做饱和蒸气压。容易蒸发的液体饱和蒸气压大，不易蒸发的液体饱和蒸气压小。例如，在 20 ℃ 时，乙醚饱和蒸气压为 437 mmHg，水的饱和蒸气压为 17.5 mmHg，酒精的饱和蒸气压为 44.5 mmHg。温度越高，具有足够速度能跑出液面的分子数就越多，饱和蒸气的密度也应越大，因此，饱和蒸气压随温度的升高而增大。由于在一定温度下，单位时间内返回液体的分子数，只决定于蒸气的密度。因此，当两相达到平衡时，蒸气的密度具有恒定的值，使得饱和蒸气压与蒸气所占的体积无关，也和其中有无其他气体无关。

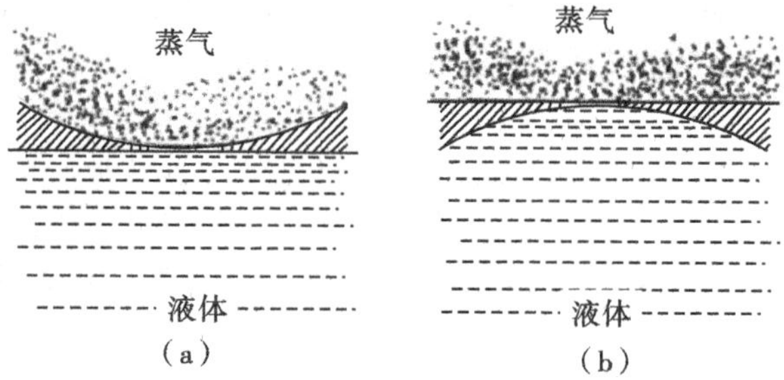

图 7.30　饱和蒸气压与液面的关系

饱和蒸气压的大小还与液面的形状密切有关。由图 7.30(a) 可见，在凹液面情形下，分子逸出液面所需做的功比平液面时大，因要多克服图中画斜线部分液体分子的引力而做功。因此，单位时间内逸出凹液面的分子数比平液面时少，从而使饱和蒸气压比平液面时小。同理可知，分子逸出凸液面所需做的功，要比平液面时小，因不必克服图 7.30(b) 中画斜线部分液体分子的引力而做功，从而使凸液面上方饱和蒸气压比平液面时大。由于引力的有效作用距离很短(数量级为 10^{-9}m)，因而只有当气液分界面的曲率半径很小时，如形成小液滴或小气泡，弯曲液面与平液面上方饱和蒸气压之间的差别才会显示出来。

在蒸气凝结的初阶段，形成的液滴很小，相应的饱和蒸气压就很大。因此，有时蒸气压超过平面上饱和蒸气压几倍以上也不凝结，这种现象叫过饱和，这种蒸气叫做过饱和蒸气。但在通常条件下，蒸气中充满了起着凝结核作用的尘埃和杂质等小微粒，当这些微粒表面凝上一层液体后，便形成半径比较大的液滴，这时凝结就容易发生。在有凝结核时，蒸气压只需超过饱和蒸气压 1%，液滴便可形成。

带电的粒子都是很好的凝结核，静电吸引力使蒸气分子聚集在它的周围而形成液滴。原子核物理中所用的云室就是根据这个原理设计的。高能量的带电基本粒子在其运动轨迹中会形成离子，这些离子就成为凝结核，使云室中的过饱和水蒸气凝结在它上面，形成雾状踪迹，因而就可以观察到粒子的轨迹。

由水滴构成的云称为暖云。当在暖云中存在大小水滴时，由于各水滴上的饱和蒸气压不同，平衡不能维持，小的水滴将蒸发，蒸汽将在大的水滴上凝结，大水滴不断长大，最后落到云外成雨。温度低于 0 ℃ 时云中水滴形成冰晶，这种云称为冷云。但往往有部分水滴不凝固而与冰晶共存，这种云称为混合云。在冷云和混合云中，由于冰晶大小不同，或由于冰晶上的饱和蒸气压小于水滴上的饱和蒸气压，有些冰晶不断长大，最后落到云外就成为雪和雨。

对于不降水的暖云来说，要人工降水，常用小水滴或饱和食盐水作为凝结核。在不降水的冷云或混合云中，水滴、蒸汽、冰晶呈相对的稳定状态。可用人工的方法使在云中产生大量冰晶，就可以破坏这种状态而达到人工降水的目的。常用人工降水的方法有降温和引入凝结核两种。例如，将干冰（固态 CO_2）引入云中，就可以用降温的方法在云中形成大量冰晶；而将碘化银粉末引入云中时就可以作为凝结核而产生大量冰晶。

7.4.3　沸腾

在一定压强下，加热液体达某一温度时，液体内部和器壁上涌现出大量的气泡，整个液体上下翻滚剧烈汽化，这种现象称为沸腾，相应的温度称为沸点。例如，在一大气压下水的沸点是 100 ℃。沸点与液面上的压强有关，压强越大，沸点越高。沸点与液体的种类有关，不同的液体具有不同的沸点。化工上就是利用这一点来分馏各种混合液体的。沸腾时由于汽化的剧烈进行，外界供给的热量全部用于液体的汽化上，所以沸腾的温度不再升高，直到液体全部变成气体为止。

首先，定性地说明液体沸腾的条件。在液体的内部和器壁上存在很多小的气泡。由于液体的不断蒸发，气泡内部的蒸气总是处在饱和状态，其压强为饱和蒸气压 p_0。随着温度的升高，p_0 不断增大，从而使气泡不断地胀大，但只要气泡内部饱和蒸气压 p_0 小于外界的压强 p，气泡还能维持平衡。当气泡内部饱和蒸气压 p_0 等于外界压强 p 时，气泡无论怎样胀大也不能维持平衡，此时气泡将骤然胀大，并在浮力的作用下迅速上升，到液面时破裂，放出里面的蒸气，使整个液体都在翻滚而温度保持不变。由此可见，液体沸腾的条件就是饱和蒸气压和外界压强相等。从相变的机制看，蒸发和沸腾并无根本区别，都是在气液分界面处以蒸发的形式进行。只是方式不同，蒸发仅在液体表面上；沸腾时相变仍在气液分界面上以蒸发的方式进行，只是液体内部大量涌现小气泡，因而大大增加了气液之间的分界面。

现在来定量分析小气泡的平衡条件。泡内的压强等于泡内气体的压强 $\nu RT/V$ 和这温度下的饱和蒸气压 p_0 这两部分之和，式中 ν 是泡内气体物质的量，泡外的压强就是气泡处的外加压强 p。在平衡时，泡内外的压强差应等于由表面张力所引起的附加压强

$$\Delta p = \frac{2\alpha}{r} = 2\alpha\left(\frac{4\pi}{3}\right)^{\frac{1}{3}}\frac{1}{V^{\frac{1}{3}}} = \frac{\beta}{V^{\frac{1}{3}}}$$

式中 α 是液体的表面张力系数，r 是气泡的半径，V 是气泡的体积，$\beta = 2\alpha\left(\frac{4\pi}{3}\right)^{\frac{1}{3}}$。所以平衡条件为

$$\left(p_0 + \frac{\nu RT}{V}\right) - p = \frac{\beta}{V^{\frac{1}{3}}}$$

即

$$p_0 + \frac{\nu RT}{V} = p + \frac{\beta}{V^{\frac{1}{3}}} \tag{7.8}$$

温度升高时，饱和蒸气压 p_0 增大，由于 $\beta/V^{\frac{1}{3}}$ 比 $\nu RT/V$ 增长得快些，增大气泡的体积 V 可以保持新的平衡。随着温度的升高，气泡会不断胀大，这时附在器壁上和杂质微粒上的气泡便急剧地胀大。当气泡所受的浮力能挣脱器壁或杂质微粒上的吸力时便从液体中涌现出来，即这时汽化发生在液体内。在小气泡急剧胀大的过程中，液体也在小气泡内部急剧地汽化。因此随着大量气泡的冒出，液体就急剧汽化。然而当饱和蒸气压 p_0 增大到等于外界压强 p 时，气泡就不再能维持平衡。可见，沸点就是饱和蒸气压等于外界压强的温

度，因为饱和蒸气压必须增大到和外界压强相等时才能沸腾，所以沸点随外界压强的增大而升高。

在密闭容器中，由于液面上的压强至少等于饱和蒸气压（因可能还有其他气体存在），所以液体内永远形不成气泡。因此，密闭容器中的液体不能沸腾。如果降低液面上气体的温度，例如在容器上方浇冷水，使液面上的蒸气压低于这时液体的饱和蒸气压，则沸腾仍能发生。

沸腾时，液体内部和器壁上的小气泡起着所谓汽化核的作用，使周围的液体汽化。久经煮沸的液体，因缺乏气泡，即缺少汽化核，可以加热到沸点以上还不沸腾，这种液体称为过热液体。过热液体中虽缺少小气泡，但由于涨落，有些地方的分子具有足够的能量可以彼此推开而形成极小的气泡。这种气泡的线度只数倍于液体分子间的距离，因此内部的饱和蒸气压很微小。但当继续加热而使温度大大高于沸点时，极小气泡中的饱和蒸气压就能超过外界的压强，这时气泡便胀大，而同时饱和蒸气压也迅速增大，使气泡膨胀得非常之快，甚至发生爆炸而将容器打破，这种现象称为暴沸。锅炉中的水在加热前，要加进一些溶有空气的新水或放进一些附有空气的细玻璃管的碎片和无釉的陶瓷块等方法来避免暴沸。

在基本粒子研究中用到的气泡室与云室类似，带电粒子通过过热液体时，会在其轨迹附近产生汽化核，因而形成气泡，从而显示出带电粒子的轨迹。

7.4.4 等温相变

实验说明，气液相变不仅可通过单纯改变温度而发生，也可通过温度、压强同时改变，或单纯改变压强而发生。现以等温压缩二氧化碳气体使其液化的过程为例，来说明气液相变过程的规律。图 7.31 所示的是二氧化气体等温压缩过程中压强和体积的关系曲线，也称为等温线。图中 AB 段是液化前气体的等温压缩过程，压强随体积的减小而增大，继续压缩时就出现液体；在液化过程 BC 中，压强保持 p_0 不变，气液两相的总体积则由于气体数量的减小而减小；BC 过程的每一状态都是气液两相平衡共存的状态，因此该压强就是这一温度下的饱和蒸气压；图中的 C 点相当于气体全部液化时的状态；而 CD 段就是液体的等温压缩过程。

图 7.32 给出了实验测得不同温度下二氧化碳气体的等温线。从图中可以看出，$T=350$ K 的等温线接近于理想气体的等温线，无论增大压强都绝对不会出现液态。在 $T=294.5$ K 以下的三条等温线与图 7.31 中的等温线的形状类似。实际上，在所有温度等于或者大于 304 K 的等温线均没有类似于图 7.31 中 BC 线段那样的气液共存的状态出现，这说明温度高于 304 K 就不可能通过等温压缩使二氧化碳气体液化。因此，304 K 温度称为二氧化碳的临界温度 T_c，相应的等温线称为临界等温线。所以，要用等温压缩的方法使气体液化，首先需要将气体的温度降到临界温度以下。表 7.3 列出几种物质的临界常量。从表中可以看出，许多物质，如氨、二氧化碳的临界温度高于或接近于室温，因此在常温下就可以使之液化；有些物质，如氧、氮、氢、氦等的临界温度很低，因此直到低温技术发展之后才陆续被液化。

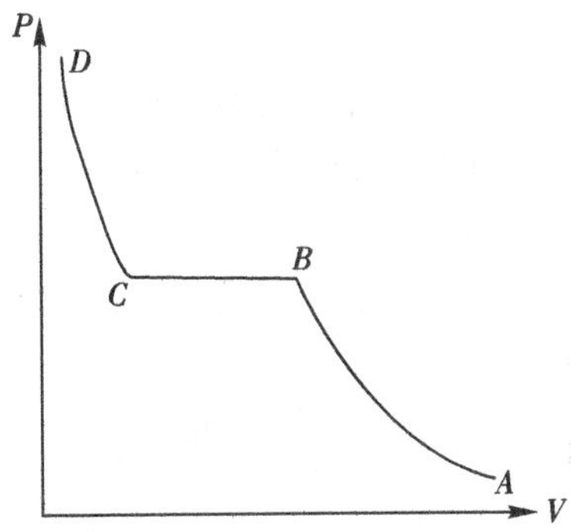

图 7.31　等温线示意图

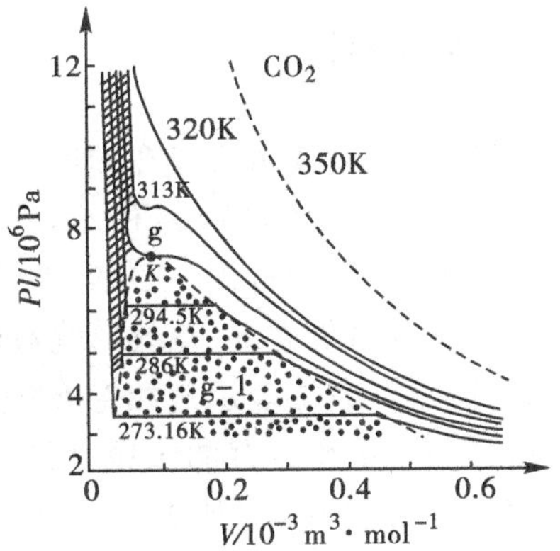

图 7.32　不同温度下二氧化碳气体的等温线

p-V 图上的每一点代表物质的一个状态。图 7.32 中临界等温线下的虚线把 p-V 图分成三个区域。虚线下面的 g-l 区域表示气液两相共存的状态，其中气相是饱和蒸气；虚线左侧和临界等温线左下侧的 l 区域表示物质处于液态；虚线右侧和上方的 g 区域表示物质处于气态，或见图 7.33。

表 7.3　几种物质的临界温度

物质	水	乙醚	氨	二氧化碳	氧	氮	氢	氦
临界温度 / ℃	374.2	193.4	135.2	31.10	−118.8	−147.16	−239.95	−268.12
临界压强 /10^{-7} Pa	2.21	0.35	1.13	0.79	0.508	0.339	0.130	0.229
临界体积 /$m^3\cdot mol^{-1}$	0.056		0.073	0.094	0.078	0.090	0.065	0.058

临界等温线上的拐点 K 称为临界点。此点所对应的状态称为物质的临界态，其压强和比体积分别称为临界压强 p_c 和临界比体积 v_c。从图 7.33 可以看出，液态的最大比体积为物质的临界比体积，因而对于一定质量液体的体积，最大不能超过其临界体积；物质饱和蒸气压的最高值是其临界压强。在临界点处，因为比容相等，液体及其饱和蒸气间的一切差别都消失了，不存在分界面（液面），其他如表面张力系数为零、汽化热为零等。因而，物质经过临界点发生的相变，不吸收或者放出相变潜热，体积也不发生突变，但比热容及等温压缩系数等物理参量却发生了突变，所以是二级相变，也称为连续相变。

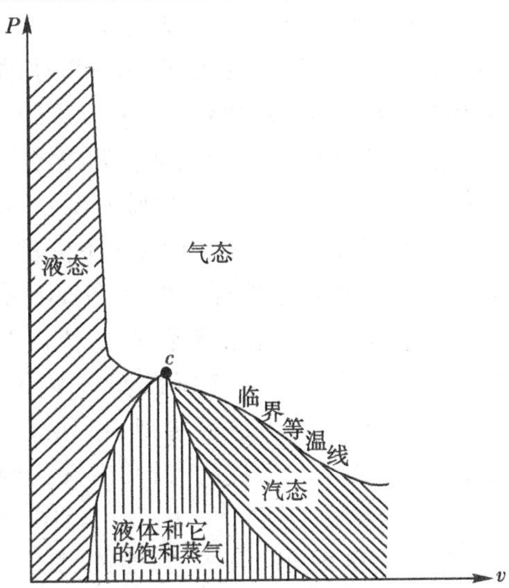

图 7.33　p-V 气液二相图

7.4.5 气液二相图

用 p-T 图表示气液两相存在的区域比 p-V 图更为简洁。图 7.31 中的等温线在 p-T 图中表示出来即为一直线，如图 7.34 所示。图 7.31 中水平线 BC 所表示的状态，由于温度和压强都相同，因此，在图 7.34 中以同一点表示。不同的温度具有不同的饱和蒸气压，因此 p-V 图中整个两相平衡共存的区域在 p-T 图中就对应着一条曲线 OK，称为汽化曲线。汽化曲线的左方表示液相存在的区域，右方表示气相存在的区域，而曲线上的点就是两相平衡共存的区域。所以，汽化曲线为液态和气态的分界线。这种表示气液两相存在区域的 p-T 图称为气液二相图。

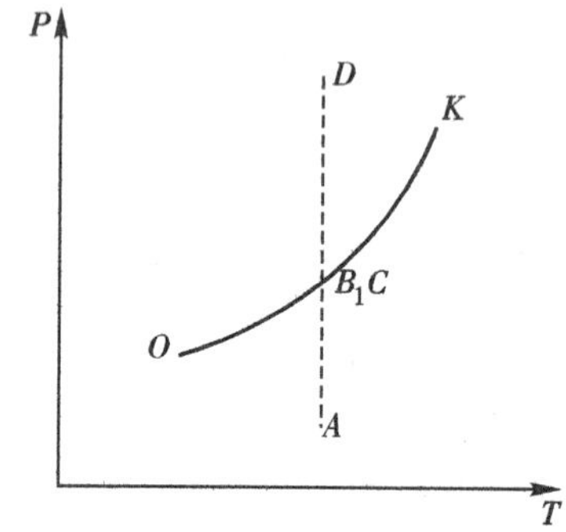

图 7.34 p-T 气液二相图

汽化曲线的始点是 D，在 D 点以下，气相只能与固相平衡共存；汽化曲线的终点就是临界点 K，K 点以上不存在气液两相平衡共存的状态。汽化曲线上一点的压强，为两相平衡共存时的压强，即饱和蒸气压。因此，汽化曲线还可以表示饱和蒸气压与温度的关系。另外，因为沸腾时，外界的压强就等于饱和蒸气压，对应的温度就是沸点，因而汽化曲线也能表示沸点与外界压强的关系。

7.5 克拉珀龙方程

7.5.1 克拉珀龙方程的推导

由上述可知，沸点随压强而变。例如，压强等于 1 atm 时，水的沸点为 100 ℃；压强小于(大于)1 atm时，水的沸点低于(高于)100 ℃。我们也即将看到，熔点也随压强而变。在 1 atm时，冰的熔点为 0 ℃；当压强为 130 atm 时，冰的熔点为 −1 ℃。这说明，两相平衡时的温度 T 与压强 p 有函数关系。这个函数关系在 p-T 图上的图像形如图 7.35 所示的相平衡曲线 AB。相平衡曲线 AB 上的点 M 所对应的压强 p 和温度 T 表示两相平衡共存时的压强和温度。在汽化情况下，AB 就是如图 7.34 中的汽化曲线 OK，p 和 T 就是气相和液相平衡共存时的压强和温度，AB 上的每一点的温度 T 与该点压强 p 下的沸点相对应。温度低于沸点时，只存在液相，因此 AB 左方的区域表示液相单独存在的状态；AB 右方的区域表示气相单独存在的状态。这样的 p-T 图就是气液二相图。在熔化情况下，曲线 AB 就表示熔化曲线(见 7.7 节的固液相变)，相平衡曲线上每一点的温度 T 与该点压强 p 下熔点相对应，相平衡曲线左方的区域表示固相单独存在的状态，相平衡曲线右方的区域则表示液相单独存在的状态。熔化曲线上任一点对应于固液平衡共存的状态，其左方为纯固态，其右方为纯液态。所以，熔化曲线是固态和液态在 p-T 图上的分界线，这样的 p-T 图就是固液二相图。总之，设相平衡曲线 AB 右方为 l 相，左方为 2 相，曲线 AB 就是 l 相和 2 相的分界线，曲线 AB 上的所有点为 l 相和 2 相平衡共存。

下面利用卡诺定理来推导相平衡曲线的斜率 $\mathrm{d}p/\mathrm{d}T$。设单位质量的某一物质的蒸汽在气液共存区内经历一可逆卡诺循环，如图 7.36 所示。设该液体从温度为 $T+\mathrm{d}T$、压强为 $p+\mathrm{d}p$、且全部处于液相的 A 点出发，经过如下四个过程：$A\rightarrow B$，等温加热使之全部变为蒸气；$B\rightarrow C$，绝热微小膨胀，使温度降为 T，压强降为 p；$C \to D$，在压强 p 温度 T 下等温压缩；$D \to A$，绝热压缩回到初态 A。由于在绝热膨胀及绝热压缩过程中的温度变化 $\mathrm{d}T$、$\mathrm{d}p$ 均很小，在 $p-V$ 图上可近似以两相共存区中的梯形 $ABCD$ 来表示这一循环。系统从高温热源吸收汽化热 l，对外做功 $(v_2-v_1)\cdot\triangle p$，其效率应等于卡诺热机效率，即

$$\eta=\frac{A}{Q_1}=\frac{(v_2-v_1)\cdot\Delta p}{l}$$

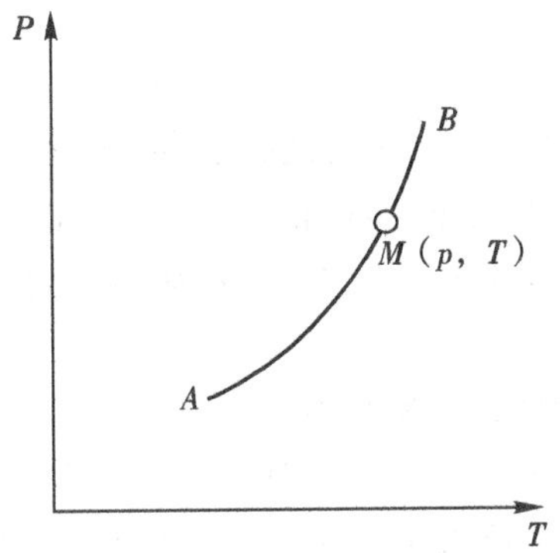

图 7.35　二相图

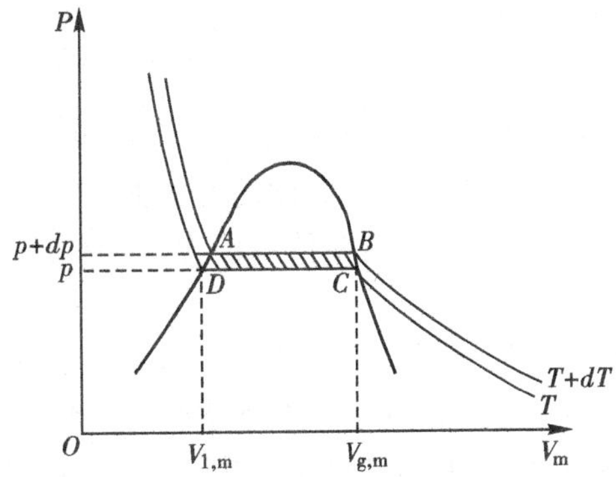

图 7.36　克拉珀龙方程的推导

又因此循环为可逆卡诺循环，其效率应为

$$\eta=\frac{T_1-T_2}{T_1}=\frac{\Delta T}{T}$$

因此有

$$\frac{\Delta T}{T}=\frac{(v_2-v_1)\cdot\Delta p}{l}$$

当 $\triangle$ 趋于无限小时，有

$$\frac{\mathrm{d}p}{\mathrm{d}T}=\frac{l}{T\cdot(v_2-v_1)}\tag{7.9}$$

此式称为克拉珀龙方程。它确定了相平衡曲线的斜率 $\mathrm{d}p/\mathrm{d}T$ 与相变潜热 l、相变时的温度 T 以及相变时的物质比体积的变化 v_2-v_1 之间的关系。例如，液体汽化时吸热，$l>0$，而由液相到气相的体积变化总是正的，所以汽化曲线的斜率恒大于零，这也说明液体的饱和蒸汽压总是随温度升高而增大，也说明液体的沸点总是随外界压强的增大而升高。这是法国铁路桥梁工程师克拉珀龙(*Clapeyron*，1799－1864)于 1834 年建立，也称克拉珀龙－克劳修斯方程。

克拉珀龙方程是热力学第二定律的直接推论。由于式中各物理量都可以直接测量，故可通过 $\mathrm{d}p/\mathrm{d}T$ 的理论值与测量值的比较来验证热力学第二定律的正确性。实际测量和计算表明，二者符合的很好。虽然上述推导是以气液相变为例而进行的，但对于所有可发生熵和体积突变的一级相变，上式均成立。不过应用于不同的相变过程时，式中各量的含义要相应地发生改变。

7.5.2　克拉珀龙方程的应用

1. 沸点与压强的关系

利用克拉珀龙方程式(7.9)可以说明沸点随压强的变化关系。令 1 相为液相，2 相为气相。

由于液相变为气相时要吸热，所以 $l>0$，又由于气相的比体积 v_2 总是大于液相的比体积 v_1，因此由式(7.9)可知，对于液气相变

$$\frac{\mathrm{d}p}{\mathrm{d}T}>0$$

这说明，沸点随压强的增加而升高，随压强的减小而降低。例如，在 1 atm 时，水的沸点是 $T=373.15$ K，由实验测得此时水蒸气和水的比体积分别为 $v_2=1.67\ \mathrm{m^3\cdot kg^{-1}}$ 和 $v_1=1.04\times10^{-3}\ \mathrm{m^3\cdot kg^{-1}}$，水的汽化热为 $l=2.256\times10^6\ \mathrm{J\cdot kg^{-1}}$。因此

$$\frac{\mathrm{d}P}{\mathrm{d}T}=0.03570\ \mathrm{atm\cdot K^{-1}}$$

实验测得的值为 $0.0356\ \mathrm{atm\cdot K^{-1}}$。可见，理论计算结果与实验测得的值相符合。

众所周知，大气压是随高度的增加而减小的，高原地区水的沸点低于 100 ℃，因而在高原地区要较快地熟煮食物需要使用压力锅。因为压力锅可以使锅内压力升高，从而使得水温可升到 100 ℃ 以上。

利用 p-T 图上的相平衡曲线，可以通过测量水的沸点来测得当地的大气压，再根据大气压随高度的变化规律间接地测量当地的海拔高度。在一定压强下，液体都有其特定的沸点。利用沸点不同的特点，可以在不同温度下使混合液体汽化，使其中的各种成分分开，这就是分馏法原理。从原油中提取汽油、柴油等，从液态空气中提取氮、氧等就是采用的分馏法。

2. 饱和蒸汽压与温度的关系

在温度远低于临界温度下，饱和蒸气密度很小，因而可看作理想气体，并满足物态方程

$$pMv_2=RT$$

式中 v_2 为饱和蒸气的比体积，Mv_2 为它的摩尔体积。考虑到远低于临界温度，液体比体积 v_1 比饱和蒸气的比体积 v_2 小得多，可以忽略，于是克拉珀龙方程为

$$\frac{\mathrm{d}p}{\mathrm{d}T}=\frac{l}{T\cdot v_2}$$

两式联合得到

$$\frac{\mathrm{d}p}{\mathrm{d}T}=\frac{pMl}{RT^2}=\frac{pl_m}{RT^2}$$

或

$$\frac{\mathrm{d}p}{p}=\frac{l_m\mathrm{d}T}{RT^2}$$

式中 $l_m=Ml$ 为摩尔汽化热。在温度变化不大的范围内，l_m 可看作常量，于是积分上式可得

$$\ln p=-\frac{l_m}{RT}+C \tag{7.10}$$

此即蒸气压方程。此式也可改写为

$$p=p_0\exp\left(-\frac{l_m}{RT}\right) \tag{7.11}$$

可以看出，饱和蒸气压按指数规律随温度的升高而增加。值得说明的是，这一理论结果往往与由实验得出的汽液两相平衡曲线所示饱和蒸气压随温度变化的关系相比不完全相符，这是因为理论上把 l_m 看做常量和把饱和蒸气当成理想气体。

例 7.3　若高压锅内的最高压强 $p=2.242\times10^5$ Pa，试估算锅内最高温度。已知在 1 atm 下水的沸点为 373 K。此时水和水蒸气的比体积分别是 $v_1=1.04\times10^{-3}\ \mathrm{m^3\cdot kg^{-1}}$ 和 $v_2=1.67\times10^3\ \mathrm{m^3\cdot kg^{-1}}$，水的汽化热为 $l=2.256\times10^6\ \mathrm{J\cdot kg^{-1}}$。

解　根据题设情况，$v_1\ll v_2$，又在温度变化不太大的情况下，水的汽化热可看做常量，故由蒸气压方程得到始末两态的压强比值

$$\frac{p}{p_0}=\exp\left[\frac{l_m}{R}\left(\frac{1}{T_0}-\frac{1}{T}\right)\right]$$

即

$$\ln\left(\frac{p}{p_0}\right)=\frac{l_m}{R}\left(\frac{1}{T_0}-\frac{1}{T}\right)$$

将各量代入相应的数值得到

$$\ln 2.4=\frac{2.26\times10^6\times18\times10^{-3}}{8.31}\left(\frac{1}{373}-\frac{1}{T}\right)=13.1\frac{T-373}{T}$$

由此解得 $T=400\ \mathrm{K}=127\ ℃$

7.6　范德瓦尔斯等温线　对比物态方程

考虑分子力作用的范德瓦耳斯方程，不仅能够比理想气体状态方程更好地描述实际气体的状态，还能在一定程度上描述液体的状态和气液相变的某些特点。现在讨论由范德瓦耳斯方程得出的理论等温线（即范德瓦耳斯等温线），并将它与实验等温线相对照，以检验范德瓦耳斯等温线能在多大程度上正确地反映气液相变的规律。

7.6.1　范德瓦耳斯等温线

设定温度 T 为常量时，由范德瓦耳斯方程可得到如图 7.37(a) 所示的关于 p-V_m 关系曲线，称为范德瓦耳斯等温线。由于范德瓦耳斯方程是关于摩尔体积 v_m 的三次方程，即每一个 p 值可以有三个 v_m 值相对应，因而会出现形如 S 的 $BEGFC$ 曲线。与该温度时的实验等温线（例如图 7.31）比较，可以看到 AB 部分相当于未饱和的蒸气，CD 部分则相当于液体。因此，范德瓦耳斯方程能在一定程度上描述液体的状态。

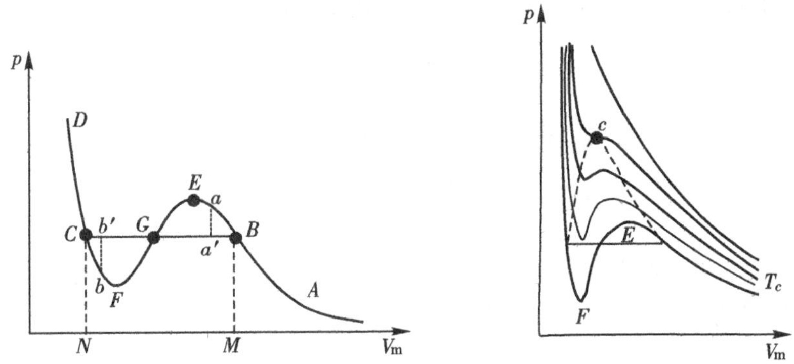

图 7.37　范德瓦耳斯等温线

与实际等温线不同的是，范德瓦耳斯等温线的弯曲部分 $BEGFC$ 代替了直线部分 BC。弯曲部分 $BEGFC$ 段表示气体以单相存在的方式连续地转变为液体。EGF 段中任一状态，体积增大(减小) 时压强反而增大(减小)，因而内外压强稍有偏差，就会使偏差越来越大，如平衡于针尖上的小球一样。因此，这种状态实际上是不能实现的，即单相转变 $BEGFC$ 过程实际上也是不可能的。所以，实际上转变只能以双相存在的方式进行。在转变过程中，处于状态 B 的气体，只能一部分一部分地转变为状态 C 的液体，其余部分不发生任何变化。

图中 BE 段相当于过饱和蒸气，CF 段相当于过热液体。实际上，不存在凝结核和汽化核时，BE(过饱和蒸气) 和 CF(过热液体) 都是可以实现的。然而，相对于双相共存的状态，过饱和蒸气和过热液体的稳定性差，扰动稍大时，单相状态 a 与 b 就将分别转变为双相状态 a' 和 b'，如图 7.37(a) 所示。这种对小的扰动稳定但对较大的扰动就不稳定的状态称为亚稳态，因此，范德瓦耳斯方程能够说明亚稳态的存在。

现在利用热力学第二定律求双相共存时的压强，即饱和蒸气压。设想一定量的物质做可逆循环 $BEGFCGB$，如图 7.37(a) 所示。循环过程中对外界做的功为面积 $CGBMNC$ 与面积 $CFGEBMNC$ 之差，即面积 $CGFC$ 与面积 $GEBG$ 之差。这时物质只和温度为 T 的热源交换热量。因此，根据热力学第二定律，物质在循环过程中不可能对外做正功，即面积 $CGFC$ 不能大于面积 $GEBG$。考虑循环过程 $BGCFGEB$，同理可得到面积 $GEBG$ 不能大于面积 $CGFC$ 的结论。所以决定饱和蒸气压的平线 BC，应使得面积 $GEBG$ 等于面积 $CGFC$，这就是等面积法则。

图 7.37(b) 表示对应于不同温度的等温线族。由图上可以看出，随着温度的升高，等温线形状逐渐变化，到某一温度 T_c 时等温线上的极大 E 与极小 F 重合，出现拐点 c；温度再升高，等温线上就没有呈 S 形的部分了，温度越高曲线形状越接近于双曲线。这与不同温度下二氧化碳气体的等温线形状的变化趋势相同，见图 7.32。

7.6.2　临界量与范德瓦耳斯修正 a、b 间的关系

下面利用临界态的特点确定临界量 T_c、p_c、v_{mc}(在此表示 1 mol 物质的临界体积) 与范德瓦耳斯改正量 a、b 间的关系。将范氏方程写作如下形式

$$v_m^3-\left(b-\frac{RT}{p}\right)v_m^2+\frac{a}{p}v_m-\frac{ab}{p}=0$$

在临界点以下，范德瓦耳斯方程有三个实根。利用三次方程根与系数的关系，有

$$v_{m1}+v_{m2}+v_{m3}=\left(b+\frac{RT}{p}\right)$$

$$v_{m1}v_{m2}+v_{m2}v_{m3}+v_{m1}v_{m3}=\frac{a}{p}$$

$$v_{m1}v_{m2}v_{m3}=\frac{ab}{p}$$

又根据在临界点三个根合为一个，即当 $p=p_c$，$T=T_c$ 时，有 $v_{m1}=v_{m2}=v_{m3}$。将此条件代入以上三式，即可得

$$T_c=\frac{8a}{27Rb}$$

$$p_c=\frac{a}{27b^2} \tag{7.12}$$

$$v_{mc}=3b$$

利用式(7.12)可由范德瓦耳斯改正量 a、b 确定临界量 T_c、p_c、v_{mc}；或者由实验测得临界量 T_c、p_c、v_{mc} 后，由此求改正量 a、b。

从式(7.12)可得到 T_c、p_c、v_{mc} 之间的如下简单关系

$$K_c=\frac{RT_c}{p_c v_{mc}}=\frac{8}{3}=2.667 \tag{7.13}$$

K_c 称为临界系数，由范德瓦耳斯方程求得各种物质的临界系数皆为 8/3。然而，由表 7.3 所列各临界量的数值算出的各种物质的临界系数是不相同的，且都比 8/3 大，只有像氦和氢等最难液化的气体才比较接近此值。这也再次说明，范德瓦耳斯方程虽能在比较广泛的范围内说明实验事实，但适用范围和精确程度仍然是受到限制的。

例 7.4　氧的临界温度为 154.8 K，临界压强为 5.06×106 Pa，试计算氧的范德瓦耳斯修正量 a、b。

解　由式(7.12)求得

$$a=\frac{27R^2}{64}\frac{T_c^2}{p_c}=\frac{27\times 8.31^2\times 154.8^2\,\mathrm{J^2\cdot mol^{-2}\cdot K^{-2}\cdot K^2}}{64\times 5.06\times 10^6\ \mathrm{Pa}}$$
$$=0.138\ \mathrm{Pa\cdot m^6\cdot mol^{-2}}$$
$$b=\frac{RT_c}{8p_c}=\frac{8.31\mathrm{J\cdot mol^{-1}\cdot K^{-1}}\times 154.8\mathrm{K}}{8\times 5.06\times 10^6\ \mathrm{Pa}}$$
$$=3.18\times 10^{-5}\ \mathrm{m^3\cdot mol^{-1}}$$

7.6.3　对比物态方程

将状态参量与临界点状态参量的比值 $\bar{p}=\frac{p}{p_c}$、$\bar{v}_m=\frac{v_m}{v_{mc}}$、$\bar{T}=\frac{T}{T_c}$ 分别定义为对比压强、对比体积和对比温度。将 p、v_m、T 以 $\bar{p}$、$\bar{v}_m$、$\bar{T}$ 的形式代入范德瓦耳斯方程中，得到

$$\left(\bar{p}p_c+\frac{a}{\bar{v}_m^2 v_m^2}\right)(\bar{v}_m v_m-b)=R\bar{T}T_c$$

将式(7.12)中 T_c、p_c、v_{mc} 的值代入上式得到

$$\left(\bar{p}\frac{a}{27b^2}+\frac{a}{\bar{v}_m^2 9b^2}\right)(\bar{v}_m 3b-b)=R\bar{T}\frac{8a}{27Rb}$$

化简后即得

$$\left(\bar{p}+\frac{3}{\bar{v}_m^2}\right)(\bar{v}_m-1)=8\bar{T} \tag{7.14}$$

式(7.14)称为对比物态方程，式中除 $\bar{p}$、$\bar{v}_m$、$\bar{T}$ 之外都是数字，不出现任何气体特性常数，因此，它是适用于任何气体的普遍方程。$\bar{p}$、$\bar{v}_m$、$\bar{T}$ 都相同的状态，称为对应态。由式(7.14)可知，一切物质在相同的对比压强 $\bar{p}$ 和对比温度 $\bar{T}$ 下，就有相同的对比体积 $\bar{v}_m$，这个结论称为对应态定理。处于对应态的各种物质，许多性质(如压缩模量、热膨胀系数、黏性系数、折射率等等)都具有简单的关系，因此可以不用实验而能相当精确地确定物质的某些性质，这种方法在物理化学中广泛应用。实验证明，只有对化学性质相似而临界温度相差也不大的物质，对应态定理才具有很高的精确度。一般情况下，与实际情形是有偏离的。

7.7　固液相变　固气相变　三相图

物质在一定的条件下，可以由固相转变为液相，这一过程称为溶解，例如冰化成水；也可以由液相转变为固相，这一过程称为结晶或者凝固，例如水结成冰。

7.7.1　固液相变

在一定的压强下，晶体要升高到一定的温度才熔化，这个温度称为该物质在该压强下的熔点，也是液相转变为固相的凝固点。在熔化过程中，系统的温度保持不变，但要吸收热量；同样在结晶过程中，温度不变，但要放出热量。此即液相变过程中的相变潜热 —— 熔化热（或结晶热）。表 7.4 列举了几种金属的熔点与熔化热。太阳能的热贮存就是利用固 — 液相变过程中吸热、放热的特性。例如，在采暖太阳房中，采用某些熔点较低的含结晶水的如十水硫酸钠、五水硫代硫酸钠、六水氯化钙等无机盐类，在白天阳光充足时吸收热量而熔化，在夜间或阴雨天时结晶而放出热量，可使室内温度保持在比较适宜的范围以内（16 ～ 25 ℃）。

表 7.4　几种金属的熔化热和在 1 个大气压下的熔点

物质	铝	钨	铁	钢	铜	镍	锡	铅
熔点 / ℃	659	3357	1528	1300 ～ 1400	1083	1452	232	328
熔化热 / $10^3 J \cdot kg^{-1}$	387	—	207	—	174	285	61.1	26.4

微观上，晶体的熔化是点阵结构被破坏的过程，而结晶过程是无规则排列的原子形成空间点阵的过程。加热时，晶体粒子的振动越来越剧烈，达到一定温度时，大量粒子具有足够的能量摆脱粒子间相互作用力的束缚，使点阵结构解体而变成液体。由于晶体中粒子的有序排列对应着最小势能，因而由固相到液相的转变中，粒子间相互作用势能增强，因此需要吸收熔化热（固液相变中体积变化很小，反抗外压强做功所需的热量小，相变潜热主要是使系统内能发生改变所需要的热量）；吸收的热量全部用于改变系统内部粒子间相互作用的势能，所以熔化过程中温度保持不变。

实验事实表明，物质的熔点随外界压强的变化而变化，表示熔点与压强关系的曲线称为熔化曲线，如图 7.38 所示的 OL 曲线。曲线上每一点代表液固两相平衡共存的状态，故此线又称为固液二相平衡曲线。熔化曲线 OL 与气化曲线 OC 把一部分 $p-T$ 平面分成三部分，OL 曲线的左方表示固相稳定存在的区域；OL 曲线与 OC 曲线之间为液相稳定存在的区域，OC 曲线右方表示气相稳定存在的区域。熔化曲线 OL 与气化曲线 OC 相交于 O 点，此点代表着特殊的状态，即三相点。三相点既在熔化曲线上，又在气化曲线上，因此三相可以平衡共存。例如，在一个大气压下，温度为 273.16 K 时，蒸气、水、冰三相可以平衡共存。

与气化曲线不同的是，熔化曲线只有一个端点，另一个端点（临界点）不存在。如果熔化曲线也存在着临界点，那么固态可以连续地变为液态，即系统内各点可以同时具有流动性。理论研究指出，固体具有对称的晶体结构，而液态则没有这种对称性，对称性只能或有或无，不能兼而有之，所以液 — 固转变的临界点原则上是不存在的，因而不能出现固液不分的临界态。因为各向异性是固体（晶体）与液体的重要差别之一，所以在固液转变过程中，可以根据是否各向异性而判断它是固态还是液态。在实验中有人将压强加到十万个大气压也没有找到液—固转变的临界点。因而固液相变过程不可能发生连续性变化，不存在临界态。

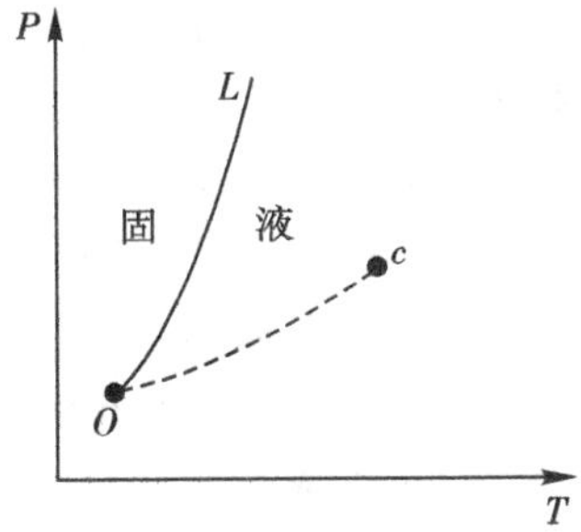

(a) 对应熔化时体积增大的物质

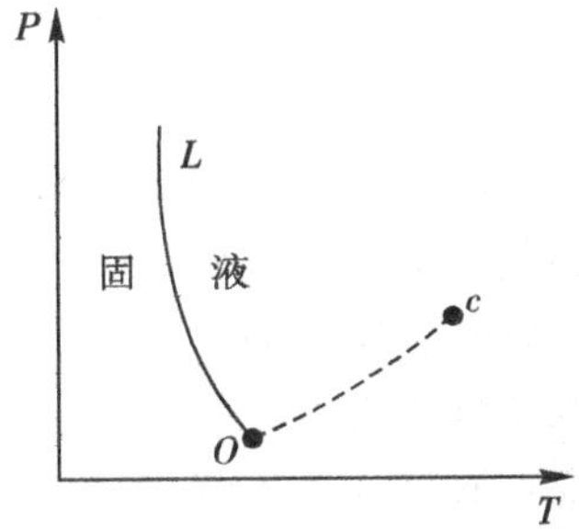

(b) 对应熔化时体积减小的物质（如水）

图 7.38　熔化曲线（OL）

熔化曲线的斜率也决定于克拉珀龙方程：

$$\frac{\mathrm{d}p}{\mathrm{d}T}=\frac{l}{T(v_2-v_1)} \tag{7.15}$$

这时 l 表示熔化热，T 表示熔点，v_2 表示液体的比体积，v_1 表示固体的比体积。因为液体的比体积与固体的比体积差别不大，因此曲线的斜率一般都很大，即熔点随压强的改变是不显著的。由气液相变和固液相变的比体积变化特性可知熔化曲线 OL 的斜率比气化曲线 OC 的斜率大，这与实际的实验结果吻合。对大多数物质说，熔化时体积要膨胀，v_2 大于 v_1，因此熔化曲线的斜率 $\mathrm{d}p/\mathrm{d}T$ 是正的，即熔点随着压强的增大而升高，如图 7.38(a) 所示。但有少数物质是例外，如水和铋等物质它们在熔化时体积要收缩，v_2 小于 v_1，因此熔化曲线的斜率 $\mathrm{d}p/\mathrm{d}T$ 是负的，这时熔点随着压强的增大而降低，如图 7.38(b) 所示。

例如，冰在 1 atm 下的熔点是 $T=273.15$ K。实验测得，在此情况下，冰和水的比体积分别是 $v_1=1.0908\times10^{-3}\ \mathrm{m^3\cdot kg^{-1}}$ 和 $v_2=1.00021\times10^{-3}\ \mathrm{m^3\cdot kg^{-1}}$，冰的溶解热为 $l=79.72\ \mathrm{kcal\cdot kg^{-1}}$，由式(9.3)求得 $\mathrm{d}T/\mathrm{d}p=-0.00752\mathrm{K\cdot atm^{-1}}$，这结果和实验测得的值 $-0.00752\ \mathrm{K\cdot atm^{-1}}$ 符合得很好。由这个结果可见，每增加 1 atm，冰的熔点才降低 0.0075 K，即熔点随压强的变化是很不显著的。

冰的熔点随压强的增大而降低的现象，可用悬挂重物的细钢丝使冰块熔断的实验（见图 7.39）演示出来。冰受钢丝压力时熔点降低，于是熔化而使钢丝下陷，钢丝通过后压力解除熔点回升，于是水又结冰而使两段冰块连接起来。

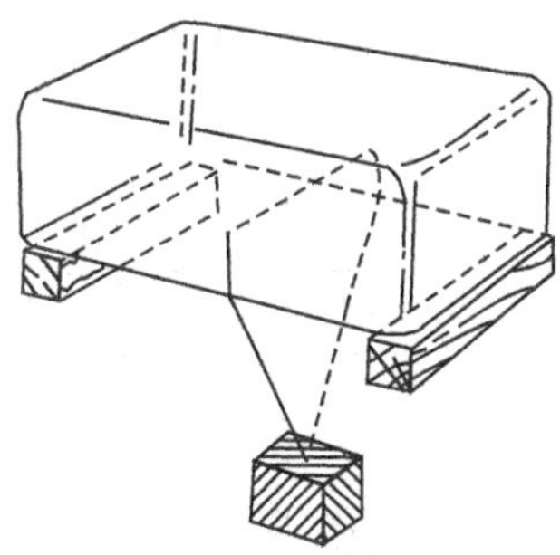

图 7.39　载重的钢丝能够穿出冰块而后冰块复原

例 7.5　已知冰在一个大气压下熔点为 0 ℃，此时冰的比体积为 $v_1=1.0908\times10^{-3}\ \mathrm{m^3\cdot kg^{-1}}$，水的比体积为 $v_2=1.00021\times10^{-3}\ \mathrm{m^3\cdot kg^{-1}}$，熔化热 $l=3.33\times10^5\mathrm{J\cdot kg^{-1}}$。求在一个大气压下，0 ℃ 时冰的熔化曲线的斜率。

解　由克拉珀龙方程

$$\frac{\mathrm{d}p}{\mathrm{d}T}=\frac{l}{T(v_2-v_1)}=\frac{3.33\times10^5}{273\times0.0906\times10^{-3}}=-1.35\times10^7\ \mathrm{Pa/K}$$

可见欲使冰的熔点降低 1 K 需增加压强 1.35×10^{7} Pa。

7.7.2 固气相变

物质从固相直接转变为气相的过程称为升华，从气相直接转变为固相的过程称为凝华。实际上，在压强比三相点压强低时，将固体加热，就能使固体直接转变成气体，发生升华现象。升华和凝华虽然是固气相变的两个相反过程，但升华可以在任何温度下发生，而凝华需要在一定的温度和饱和气压下才能发生。在常温和常压下，碘化钾、干冰、硫、磷、樟脑等物质都有很显著的升华现象。例如，衣箱里的樟脑丸重量会减轻，冬天晾在室外的结了冰的衣服会变干。

升华时粒子直接由点阵结构转变成气体分子。因此，一方面要克服粒子间的结合力做功，另一方面还要克服外界的压强做功。物质升华时所吸收的相变潜热称为升华热，为单位质量的物质由固相转变为气相所吸收的热量，它等于熔化热与汽化热之和。例如，在一个大气压下，冰的熔点为 0 ℃，这时冰的熔化热约为 3.34×10^{5} J·kg^{-1}，水的汽化热约为 2.47×10^{6} J·kg^{-1}，而冰的升华热约为 2.80×10^{6} J·kg^{-1}。由于升华时要吸收大量热量，因此固体的升华可用来制冷，例如干冰就是一种用途广泛的制冷剂，它的熔点为 −78.5 ℃。由于它在制造、运输和使用等方面都很简便，并且没有副作用，因此在气象、食品冷藏和科学研究等多方面中都有广泛的应用。前面提到，在不降水的冷云中撒入干冰进行人工降水。干冰一进入云体，很快升华，使周围空气的温度急剧地下降，从而使云中的水汽凝华成冰晶，还使过冷水滴（温度低于 0 ℃ 仍不结冰的水滴）冻结成冰晶，并使这些冰晶继续长大。当冰晶增大到一定大小后下降，一路上把水汽和过冷水滴吞并进去，形成更大的冰晶，在下降到近地层中遇到较暖的空气层后，便化为雨降落到地面。现代高速飞机利用涂于飞机表层的石墨的升华来克服“热障”（飞机高速飞行时与空气摩擦生热造成的危害）的措施之一。

在升华情况下，和固体平衡的蒸气的压强即为固体上方的饱和蒸气压，它与温度的关系在 p-T 图上为升华曲线 OS 所表示，O 点为三相点，如图 7.40 所示。升华曲线是固相与气相的分界线，曲线上的点是固气两相平衡共存的状态，升华曲线的斜率也同样由克拉珀龙方程所决定。

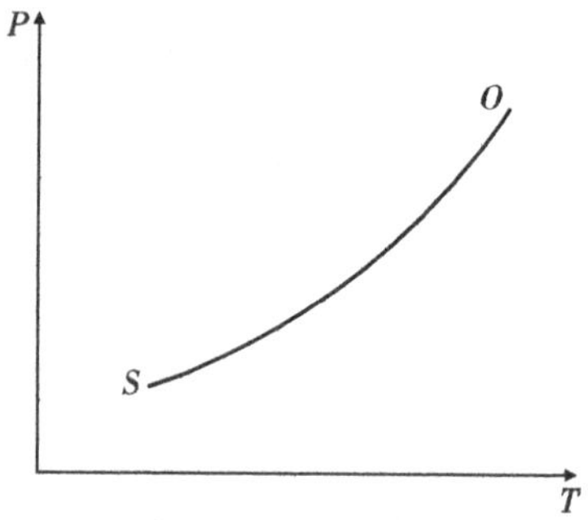

图 7.40 升华曲线

表 7.5 列出了冰的饱和蒸气压 p_0 与（mmHg）温度 t（℃）的关系。

表 7.5 冰的饱和蒸气压 P_0 与温度 t 的关系

t/ ℃	$p0$/mmHg	t/ ℃	p_0/mmHg	t/ ℃	p_0/mmHg	t/ ℃	p_0/mmHg	t/ ℃	p_0/mmHg
−60	0.00808	−19	0.854	−14	1.361	−9	2.131	−4	3.280
−50	0.02955	−18	0.939	−13	1.490	−8	2.326	−3	3.568
−40	0.0966	−17	1.031	−12	1.632	−7	2.537	−2	3.880
−30	0.2859	−16	1.132	−11	1.785	−6	2.765	−1	4.217
−20	0.776	−15	1.241	−10	1.950	−5	3.013	0	4.579

例 7.6　在三相点 O 处，水的汽化热为 $l_v = 607\ \text{kcal}\cdot\text{kg}^{-1}$，升华热为 $l_s = 687\ \text{kcal}\cdot\text{kg}^{-1}$，气相的比体积为 $v_g = 2.1\times10^2\ \text{m}^3\cdot\text{kg}^{-1}$，液相的比体积 v_1 与固相的比体积移 v_s 比起 v_g 来都可以忽略不计。证明在三相点处，汽化曲线 OK 和升华曲线 OS 的斜率是不同的。

解　汽化曲线 OK 在 O 点的斜率为

$$\begin{aligned}\frac{\mathrm{d}p}{\mathrm{d}T} &= \frac{l_v}{T(v_g - v_1)} = \frac{607\text{kcal/kg}}{273\text{K}\times 2.1\times10^2\ \text{m}^3/\text{kg}} \\ &= \frac{607\times4.18\times10^3\times760}{273\text{K}\times2.1\times10^2\ \text{m}^3/\text{kg}}\text{mmHg/kg} \\ &= 0.337\text{mmHg/kg}\end{aligned}$$

升华曲线 OS 在 O 点的斜率为

$$\begin{aligned}\frac{\mathrm{d}p}{\mathrm{d}T} &= \frac{l_s}{T(v_g - v_s)} = \frac{687\text{kcal/kg}}{273\text{K}\times 2.1\times10^2\ \text{m}^3/\text{kg}} \\ &= \frac{687\times4.18\times10^3\times760}{273\ \text{K}\times2.1\times10^2\ \text{m}^3/\text{kg}}\text{mmHg/kg} \\ &= 0.376\text{mmHg/kg}\end{aligned}$$

因此，在三相点 O 处，汽化曲线 OK 的斜率和升华曲线 OS 的斜率是不同的。

7.7.3　三相图

在 p-T 坐标上，由三条两相平衡曲线和三相点所构成的相图称为三相图。相变研究的一个基本任务是测定物质的相图，即找到在给定温度、压强和体积下系统处于什么相，确定不同相之间的“边界”。

如果我们在图 7.38 中画上升华曲线，则得到如图 7.41 所示的三相图。汽化曲线 OK 是液、气两相的分界线，熔化曲线 OL 是固、液两相的分界线，升华曲线 OS 是固、气两相的分界线，所以在 OL 与 OS 之间是固相存在的区域，OL 与 OK 之间是液相存在的区域，OS 与 OK 之间是气相存在的区域。这样，就可以在 p-T 图上标出固、液、气三相存在的区域，并可由汽化曲线、熔化曲线和升华曲线这三条曲线，知道固、液、气三相中任意两相平衡共存和相互转变的条件，以及三相平衡共存的条件。三条曲线共同的交点 O，即三相点，它对应于一个确定不变的温度，和一个确定不变的压强，它是固、液、气三相平衡共存的唯一状态。

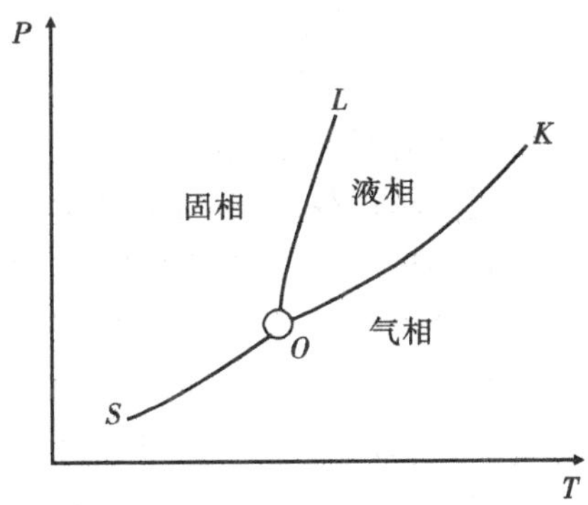

图 7.41　三相图

图 7.42 和图 7.43 分别给出了 CO_2 和 H_2O 的三相图，注意图中 p 和 T 坐标的标度是不均匀的。从图中可以看出，CO_2 的三相点温度为 -56.6 ℃，压强是 5.11 atm；H_2O 的三相点的温度是 0.01 ℃（即 273.16 K），压强是 4.581 mmHg。水的三相点温度是国际温标中最基本的一个固定参考点（参见 6.4）。相对于沸点、熔点而言，三相点温度更适合作为温标的固定点，原因在于它的确立不依赖于压强的测量，只要在没有空气的密闭容器内使水的三相达到平衡共存，那么其温度就是三相点的温度。

三相图不仅可以分析一种物质在某一压强或温度下的状态，还可以确定它将朝哪个相转变。例如，通常将干冰贮存在高压的钢筒内，此时温度为 20 ℃ 时，钢筒内气压约为 56 个大气压下，它处在气液两相平衡共存的状态，如图 7.42 所示。使用时，把钢筒的阀门打开，喷出的液态 CO_2 的气压由 56 个大气压下骤然降至 1 个大气压下，在此压强下，CO_2 在室温下只能处于气态。所以喷出的液态 CO_2 就迅速气化，在气化过程中吸收大量的汽化热导致另一部分冷却而凝固成干冰。从图中可以看出，在1个大气压下，CO_2 固气两相平衡温度为 −78.5 ℃，故利用装在杜瓦瓶中的固态 CO_2 可保持在 −78.5 ℃ 的较低温度，可充当冷却剂。

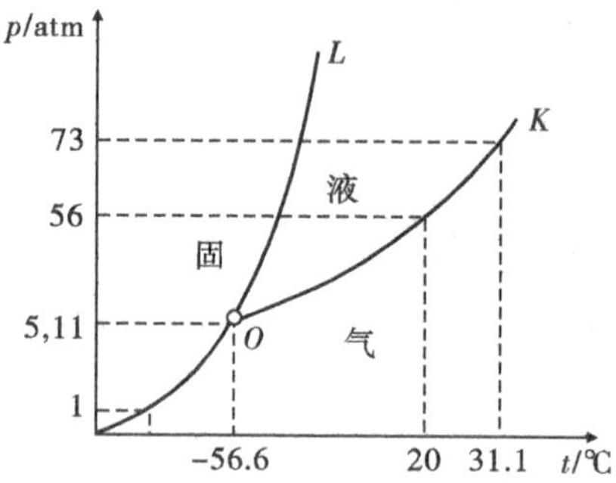

图 7.42　二氧化碳的三相图

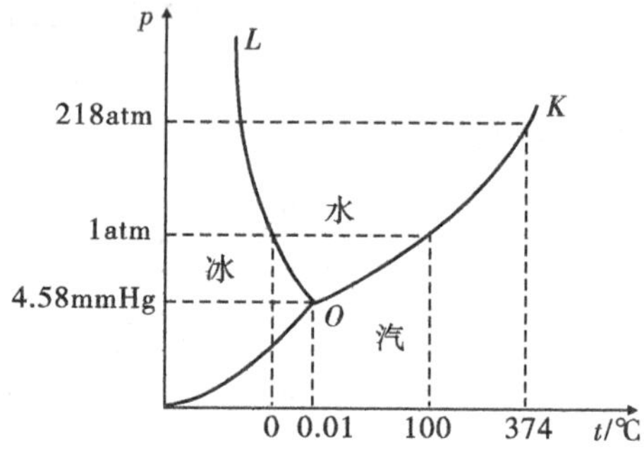

图 7.43　水的三相图

第 7 章思考题

1. 何为晶面、晶棱与顶点？

2. NaCl 晶体的外形可以是立方体，也可以是八面体或者立方和八面混合体，这些不同的外形有什么共同特征？

3. 晶体有哪些宏观特征？

4. 说明单晶体、多晶体和非晶体的主要区别。

5. 化学键主要有哪些类型？并说明它们的特点。

6. 结合力有什么普遍特征？

7. 相互作用能 E_p 可以写成什么形式？

8. 何为结合能？怎样由相互作用能 E_p 求结合能的数值？

9. 对于离子晶体，说明吸引能的幂指数 $n = 1$。

10. 说明液体分子的排列情况和热运动情况。

11. 为什么说定居时间的大小体现了分子力的作用，又体现了热运动的作用？

12. 为什么液体的表面具有表面张力？什么叫表面张力系数？它与哪些因素有关？

13. 扩大液面要作多少功？所作的功转化为什么能量？

14. 吹肥皂泡时，当管的一段不继续吹气时，为什么在管的另一端所吹出的肥皂泡会慢慢缩小？

15. 何为接触角？何为湿润与不湿润？从微观上加以说明。

16. 为什么毛细管插入水中时，管子里的水面会升高，插入水银中时，管子里的水银面会降低？

17. 单元系一级相变有什么普遍特征？

18. 何为内潜热和外潜热?怎样由态函数焓计算潜热?

19. 用克拉伯龙方程说明:(1) 液体沸点与压强的关系;(2) 固体熔点与压强的关系。

20. 在夏天时,为什么池塘、湖、海等水的温度,总是比周围空气温度低?

21. 何为饱和蒸气压?它和温度有什么关系?它与蒸气所占的体积有什么关系?如果蒸气中还存在其他气体,饱和蒸气压会不会变化?为什么?

22. 要用等温压缩的方式使气体液化,需要满足什么条件?

23. 何为临界温度、临界压强和临界体积?

24. 何为气液二相图?气化曲线有什么特点?

25. 当水处于三相点时,在下列情形下物态将如何变化?(1) 增大压强;(2) 降低压强;(3) 升高温度;(4) 降低温度。

第 7 章练习题

1. 形成一直径为 5 cm 的肥皂泡,需要 5 Pa 的压强,求该肥皂液的表面张力系数。

2. 一球形泡,直径为 1.0×10^{-5} m,刚处在水面下,如水面上的气压为标准大气压,求泡内压强。

3. 把一液滴从液体中移出,且将其举到距液面高度为 h 处,试求形成此液滴所需做的功 W 与举高这液滴所需做的功 W' 之比。已知液体的表面张力系数为 α,密度为 ρ,液滴半径为 r。

4. 两个表面张力系数都为 α 的肥皂泡,半径分别为 a 和 b,它们都处在相同的大气中,泡中气体都可以看作理想气体。在外界压强仍未变化情况下,若将它们在等温下聚合为一个半径为 c 的泡。试证泡外气体的压强的数值为

$$p = 4\alpha\frac{c^2 - b^2 - a^2}{a^3 + b^3 - c^3}$$

5. 有一毛细管中的水面比容器中水的高度 2 cm,求管的直径。(设接触角 $\theta = 0$)

6. 将一直径为 0.2mm 的毛细管插入尿液中,尿液毛细管中比容器液面高 10.8 cm,设接触角 $\theta = 0$,求尿液的表面张力系数?并判断尿液是否正常。(尿液密度 $\rho = 1.018\times10^3\,\text{kg}\cdot\text{m}^{-3}$ $g = 10\text{m}\cdot\text{s}^{-2}$)

7. 玻璃管的内直径 $d = 2.0\times10^{-5}$ m,长为 $l = 0.20$ m,垂直插入水中,管上端是封闭的。问插入水面下的那一段的长度应为多少,才能使管内外水面一样高?已知水与大气接触,水与玻璃的接触角 $\theta = 0$。

8. 一毛细管插入水中,其下端在水面下 $h_1 = 10$ cm 处,管中液面比周围水面高 $h_2 = 4$ cm,若从上管口向下吹气,想在管下端吹出一个半球状的气泡,问管中压强应多大?设水与此毛细管的接触角为 0。

9. 把内直径为 $d = 0.5$ mm 的管子浅浅地插入酒精中,问流入管中的酒精的质量是多少?已知酒精的表面张力系数 $\alpha = 22.9\times10^{-3}$N/m,与管的接触角 $\theta = 0$。

10. 已知水的表面张力系数与温度的关系为 $\alpha = (70 - 0.15t)\times10^{-3}$N/m,此处 t 为摄氏温度。问温度由 20 ℃ 升高至 70 ℃ 时,直径 $d_1 = 0.1$ mm,$d_2 = 0.3$ mm 的两个连通毛细管中水平面高度差($h_1 - h_2$) 变化多少?

11. 在 1 个大气压强下,4.0×10^{-3} kg 酒精沸腾成化为蒸气。已知酒精蒸气比体积为

0.607 $m^3\cdot kg^{-1}$，酒精的汽化热为 $l=8.63\times10^5\ J\cdot kg^{-1}$，酒精的比体积 v_1 与酒精蒸气比体积 v_2 相比可以忽略不计，求酒精内能的变化。

12. 压强为760 mmHg时水在100 ℃沸腾，此时水的汽化热为 $l=2.26\times10^6\ J\cdot kg^{-1}$，比体积为1.671 $m^3\cdot kg^{-1}$。求压强为770 mmHg时水的沸点。

13. 证明相变时内能的变化为：$u_2-u_1=l\left(1-\dfrac{\mathrm{d}\ln T}{\mathrm{d}\ln p}\right)$。

14. 已知氧的范德瓦耳斯方程中的常量，$a=1.35\times10^{-6}\ atm\cdot m^6\cdot mol^{-2}$，$b=3.1\times10^5\ m^3\cdot mol^{-1}$，求氧的临界压强和临界温度。

15. 试估算100 ℃时饱和水蒸气的比体积(提示：当压强不大时，饱和蒸气可看作理想气体)。

16. 容积为0.2 m^3的容器中，盛有温度为200 ℃、质量为2 kg的水(液气两相)。设已知该温度下饱和水蒸气的比体积 $v_2=127.4\times10^3\ m^3\cdot kg^{-1}$，液态水的比体积移 $v_1=1.16\times10^{-3}\ m^3\cdot kg^{-1}$。试求容器中水汽的质量和所占有的体积。

17. 在标准大气压下将温度为20 ℃的50 g水加热成100 ℃的水蒸气，试求水的内能的改变量。已知在100 ℃时饱和水蒸气的比体积是1.67 $m^3\cdot kg^{-1}$。

18. 一端封闭的均匀细管内盛有空气和小液滴，另一端被10 cm长的水银柱所封闭。当管子水平放置时，这气柱长为17.3 cm；竖直倒置时，气柱长为20 cm，如果大气压强为 1.01×10^5 Pa。求管内液体的饱和蒸气压。

19. 在接近100 ℃时，水的沸点每当压强增大 4.0×10^2 Pa时升高0.11 ℃，求水的汽化热。

20. 质量 $m=0.027$ kg的气体体积为 $1.0\times10^{-2}\ m^3$、温度为300 K，已知在此温度下液体的密度为 $1.8\times10^3\ kg\cdot m^{-3}$，饱和蒸气的密度为4 $kg\cdot m^{-3}$。设用等温压缩的方法将此气体全部压缩成液体，问：

(1) 在什么体积时开始液化？

(2) 在什么体积时液化终了？

(3) 当体积为 $1.0\times10^{-3}\ m^3$ 时，液气各占多大体积？

参考文献

[1] 吴评,辛勇.大学物理(下册)[M].北京:北京邮电大学出版社,2012.

[2] 罗圆圆.大学物理(下册)[M].南昌:江西高校出版社,2007.

[3] 李椿,章立源,钱尚武.热学[M].北京:高等教育出版社,1979.

[4] 顾建中.热学教程(修订本)[M].北京:高等教育出版社,1983.

[5] 吴瑞贤,杜定旭,杨友梅.热学教程[M].成都:四川大学出版社,1986.

[6] 李平.热学[M].北京:北京师范大学出版社,1987.

[7] 肖国屏.热学[M].北京:高等教育出版社,1989.

[8] 秦允豪.热学[M].南京:南京大学出版社,1990.

[9] 赵凯华,罗蔚茵.新概念物理教材(热学)[M].北京:高等教育出版社,1998.

[10] R. 瑞斯尼克,D. 哈立德.物理学(第一卷第二分册)[M].北京:科学出版社,1980.

[11] 林宗涵.热力学与统计物理学[M].北京:北京大学出版社,2007.

[12] Linder Bruno. Thermodynamics and Indroductory Statistical Mechanics[M]. New York:John Wiley & Sons, Inc. ,2004.

[13] 秦允豪.热学教材改革初探[J].中国大学教学,1988.

[14] 韦正航.普通物理热学教材知识点分析[J].高师理科学刊,2006.

[15] 王洁,尹钊.大学热学教材中一些问题的探讨[J].高师理科学刊,2012.

[16] 曹剑英,葛俊峰,彭先华.麦克斯韦速率分布函数的教学探讨[J].物理通报,2014.

附录：

常用物理学常量表

常量名称	符号	数　　值	单　　位
真空中光速	c	2.99792458	10^{8} m · s^{-1}
万有引力常量	G	6.67408	10^{-11} m^{3} · s^{-2} · kg^{-1}
阿伏伽德罗常量	N_A	6.02214179	10^{23} mol^{-1}
摩尔气体常量(普适气体常数)	R	8.314472	J · mol^{-1} · K^{-1}
洛喜密脱数(理想气体在标准状况下分子数密度)	n_0	2.686754	10^{25} m^{-3}
玻耳兹曼常量	k	1.3806504	10^{-23} J · K^{-1}
元电荷	e	1.602176487	10^{-19} C
原子质量单位	u	1.66053886	10^{-27} kg
电子静止质量	m_e	9.10938215	10^{-31} kg
法拉第常量	F	96485.3383	C · mol^{-1}
普朗克常量	h	6.62606896	10^{-34} J · s
真空电容率(真空介电常数)	ε_0	8.854187817	10^{-12} C^{2} · N^{-1} · m^{-2}
真空磁导率	μ_0	4π	10^{-7} N · A^{-2}
玻尔半径	α_0	5.29166	10^{-11} m

注：表中的数据采用国际科技数据委员会(CODATA)2006年的推荐值。